De la materia al cosmos

en
sayos

Rolf Tarrach

De la materia al cosmos

El siglo de la física cuántica y relativista

Prólogo de J. Ignacio Cirac

EDITORIAL
FUNAMBULISTA

Primera edición: noviembre de 2025

© Rolf Tarrach, 2025

© del prólogo: J. Ignacio Cirac, 2025

© de la presente edición: Editorial Funambulista, 2025
c/ Flamenco, 26 - 28231 Las Rozas (Madrid)

www.funambulista.net

IBIC: PH

ISBN: 979-13-990383-7-8
Dep. Legal: M-23168-2025

Maquetación de interiores y cubierta: Gian Luca Luisi

Motivo de la cubierta: *Damero magnífico*
(créditos en la sección «Créditos fotográficos»)

Impresión y producción gráfica: Safekat

Impreso en España

De la materia al cosmos

A Maribel

Un siglo de teorías entrelazadas

(prólogo de J. Ignacio Cirac)

Muchos científicos sostienen que el siglo xx fue el siglo de la física. En apenas unas décadas, teorías y experimentos revolucionaron nuestra manera de concebir lo que son el espacio, el tiempo, la materia y el propio Universo. De hecho, nunca antes en la historia de la humanidad se habían producido transformaciones científicas y tecnológicas de semejante magnitud, ni se había alterado de manera tan radical nuestra comprensión de la Naturaleza. El impacto fue tan profundo que no solo afectó a la ciencia, sino que transformó para siempre la sociedad en su conjunto.

Este libro nos invita a recorrer esas revoluciones, a comprender su lógica interna y sus consecuencias, de la mano de un guía excepcional: Rolf Tarrach. Conocido internacionalmente por sus aportaciones en física teórica, Tarrach no solo ha sido un espectador privilegiado de estos avances, sino también un protagonista activo que ha contribuido al progreso científico en varios campos. Además, su visión amplia y profunda permite al lector disfrutar de un relato en el que se «entrelazan» los distintos fenómenos descubiertos en ese siglo, con los conceptos y paradigmas desarrollados para entenderlos. Y todo ello aderezado con notas históricas, anécdotas y reflexiones profundas que consiguen hacer que la lectura sea sencilla y entretenida.

Las dos revoluciones científicas del siglo XX más decisivas fueron, sin duda, la teoría de la relatividad y la física cuántica. Con la primera, el espacio y el tiempo dejaron de ser absolutos. La relatividad especial y la relatividad general revelaron que su manera de transcurrir depende del movimiento del observador y de su entorno (más concretamente, del campo gravitatorio al que está sometido). De ellas nacieron ideas tan fascinantes como la posibilidad de viajar al futuro, la existencia de agujeros negros, la explicación del Big Bang o la expansión del Universo. Con la segunda, la física cuántica, el mundo microscópico se nos mostró radicalmente distinto a lo que se había imaginado: electrones, átomos, moléculas o fotones se comportan de maneras insólitas, sometidos a principios que desafían el sentido común y que incluso ponen en cuestión conceptos filosóficos como el determinismo y el realismo. La física cuántica, además, describe cómo las partículas elementales forman átomos, y estos, moléculas, que se unen para generar todo lo que nos rodea, desde el aire, hasta el mar o, incluso, hasta nosotros mismos. Y todo ello con una exquisita precisión. Más aún, esta teoría ha permitido el desarrollo de tecnologías que hoy son imprescindibles: desde la electrónica moderna a los láseres, o las nuevas tecnologías cuánticas.

El siglo XX fue también un tiempo de descubrimientos experimentales extraordinarios. No se trató solo de construir teorías, sino de explorar nuevas fronteras para encontrar fenómenos inéditos

12

y sorprendentes. Ejemplos paradigmáticos son la superconductividad, la superfluidez, los semiconductores, la observación de la expansión del Universo o de la radiación de fondo. Estos avances fueron posibles gracias a científicos y científicas que no dudaron en romper con los paradigmas heredados, que se enfrentaron a incomprensiones y dificultades y que, con perseverancia, abrieron las puertas a un nuevo mundo.

Este libro, sin embargo, no se limita a describir conceptos y resultados. También da vida a las personas que estuvieron detrás de esos logros. Muchos de ellos recibieron el Premio Nobel y protagonizaron historias humanas plagadas de pasión, creatividad, errores, intuiciones brillantes y esfuerzos titánicos. El lector encontrará en estas páginas no solo la explicación rigurosa de teorías y fenómenos, sino también la narración de los contextos, las discusiones, las anécdotas y las curiosidades que acompañaron a esos descubrimientos. El texto está magníficamente escrito, y «entrelaza» ideas y episodios de manera fluida, ligera y, al mismo tiempo, exhaustiva.

Rolf Tarrach aporta a esta tarea no solo su talento científico, sino también una experiencia vital y académica de primer nivel. Fue catedrático de Física Teórica en la Universidad de Barcelona, presidente del Consejo Superior de Investigaciones Científicas y primer rector de la Universidad de Luxemburgo. Conoce a fondo el mundo universitario y de la investigación, y posee una sólida formación cultural que le permite tender puentes entre la ciencia, la historia, la literatura y el arte. Esa amplitud de intereses se percibe en cada página de este libro.

Tuve la fortuna de conocer a Rolf en Almagro en 1997, en una conferencia sobre óptica cuántica y teoría cuántica de la información —campos en los que se incluyen la criptografía y la computación cuántica— organizada gracias a la estrecha colaboración que existía entre la Universidad de Innsbruck y la Universidad de Castilla-La Mancha. Entre los asistentes estaba Rolf, que había iniciado una nueva línea de investigación en ese terreno tras una destacada carrera en física de altas energías, en particular en cromodinámica cuántica, disciplina que estudia las fuerzas que mantienen unidos los núcleos atómicos. Me impresionó que científicos con una trayectoria tan sólida y ya consolidada tuvieran el coraje de abrir un nuevo camino, con todos los riesgos que ello conlleva. La reunión de Almagro resultó un éxito y marcó el inicio de importantes colaboraciones europeas en investigación cuántica. De hecho, de allí surgió la idea de organizar una conferencia en 1998 en el Centro de Ciencias de Benasque Pedro Pascual, evento que, desde entonces, se celebra cada dos años y es referente mundial en teoría cuántica de la información.

Ese encuentro fue el inicio de una relación científica y personal muy enriquecedora. Rolf nos visitó en la Universidad de Innsbruck en 1999 y, desde entonces, pude apreciar más de cerca su extraordinaria personalidad. Aparte de sus contribuciones a la cromodinámica cuántica, había escrito artículos profundos sobre fundamentos de la mecánica cuántica y poseía un conocimiento amplio y sólido de la historia de la física del siglo xx. Podía conversar con igual soltura sobre las discusiones que precedieron la formulación del modelo estándar, su encuentro con Richard Feynman, o acerca de temas de literatura y arte. En reuniones con colegas como Peter Zoller, Rainer Blatt, Artur Ekert o Anton Zeilinger, Rolf solía situarse en el centro de la conversación, aportando su visión lúcida y estimulante.

En este libro, Rolf ha tenido la generosidad de poner a disposición de los lectores no solo su vasto conocimiento científico, sino también su perspectiva histórica, cultural y sociológica. Se trata de una obra completa que abarca tanto los aspectos fundamentales como los más anecdóticos de la física del siglo xx. Aunque no sigue un orden estrictamente cronológico, ofrece siempre el contexto en que surgieron los avances, describe la vida de los protagonistas e incorpora detalles y curiosidades que enriquecen la lectura.

El texto puede disfrutarse desde varias perspectivas. Por un lado, es accesible a personas sin formación en física, que encontrarán una explicación clara de en qué consistieron las revoluciones científicas del siglo pasado, en qué contexto aparecieron y qué consecuencias tecnológicas han tenido. El número de fórmulas es mínimo, y los pasajes más técnicos pueden omitirse sin perder el hilo. Por otro lado, quienes estudian o han estudiado física descubrirán una exposición brillante que conecta entre sí los distintos avances y los explica con precisión y sencillez. Finalmente, los expertos hallarán en estas páginas una síntesis rigurosa y clara, enriquecida con aspectos históricos, anecdóticos y conceptuales de gran interés.

Estoy seguro de que todos los lectores, sean cuales sean sus conocimientos previos, disfrutarán con este libro. En él se transmite la pasión de un científico que sabe contar, que sabe contextualizar, que sabe tender puentes entre ciencia y cultura. Una obra que, como pocas, nos conduce al corazón de las ideas que marcaron el siglo xx y que siguen, hoy, alimentando el pensamiento científico y las tecnologías del futuro.

J. Ignacio Cirac
Garching, 29 de agosto de 2025

Introducción

El siglo XX fue el escenario de las tres grandes revoluciones de la física, basadas, respectivamente, en la constancia absoluta de la velocidad de la luz en el vacío; en la imposibilidad de distinguir inercia y gravitación; y en el descubrimiento de que los conceptos de la física clásica, tan brillantemente desarrollada por Galileo, Newton, Maxwell, Boltzmann y muchos otros, no sirven para entender los átomos y los núcleos, y por ello no sirven para entender ni la materia ni la energía.

Las dos primeras revoluciones llegaron de la mano de Albert Einstein, y la tercera fue iniciada por Max Planck, continuada por el propio Einstein, refinada por Niels Bohr, y alcanzó su cénit con los *jóvenes* Heisenberg, Dirac y Pauli y el no tan *joven* Schrödinger, y ha sido continuamente ampliada y extendida hasta nuestros días.

Esta última revolución, la denominada cuántica, consta de una serie de ideas insólitas y contraintuitivas que describen perfectamente lo que observamos, y cuyas predicciones se han verificado siempre, si bien sus grandes artífices consideraban que quedaban probablemente más allá de una comprensión total por parte de nuestro minúsculo —aunque complejísimo— cerebro de mero *Homo sapiens*.

Cada capítulo de este libro se construye alrededor de uno o unos pocos científicos, todos ellos excepcionales. Dicha selección podría ser considerada sesgada, y, sin duda —de una cierta forma—, lo es. Sin embargo, el valor de las contribuciones de cada uno de ellos es indudable, y estas forman parte del que se ha dado en llamar consenso científico.

Más allá de una breve descripción del nuevo conocimiento científico aportado por estos científicos y de su contexto, he incluido notas biográficas e históricas, reflexiones filosóficas e interpretativas, comentarios metodológicos... y alguna que otra anécdota. Las notas biográficas e históricas me han puesto a veces en una situación difícil cuando dos fuentes, de autores reconocidos, tienen versiones contradictorias. El papel de Pauli en el artículo revolucionario de Heisenberg es un ejemplo. El origen del apodo «marcianos» para los físicos y matemáticos superdotados de origen húngaro es otro. No siendo historiador, he optado en cada caso por la versión que me parecía la más probable, o la más significativa, incluyendo preventivamente algún «quizás» o expresión análoga.

La presentación es aproximadamente cronológica. La comprensión de las nuevas ideas y su flujo y mutuas influencias aspiran a ser el hilo conductor de la obra.

Algunos conceptos *prerrevolucionarios,* por llamarlos de algún modo, jugarán un papel central: la energía y la entropía; las simetrías, sus invariancias y algunas leyes de conservación; la información; la simplificación y la unificación; el Universo y el vacío, que, por cierto, no es la nada.

Los nuevos conceptos se explicarán de la manera más didáctica posible, con la ayuda de unas pocas fórmulas —muy sencillas todas ellas— que ayudarán a la comprensión. Suele decirse que cada fórmula divide por dos el número de lectores potenciales. ¡No estoy de acuerdo! La primera tal vez puede dividirlos por dos, pero no las siguientes. Modestamente creo que la ganancia en claridad compensa esa pérdida. La decisión de no incluir ninguna fórmula con derivadas ni integrales tiene como consecuencia la ausencia de todas las ecuaciones dinámicas —las que dan la evolución en el tiempo— de las cuatro interacciones fundamentales. He intentado lidiar de la mejor forma posible con esta limitación.

Mi condición de físico teórico cuántico, durante casi 30 años —hasta el cambio de siglo—, se reconocerá fácilmente. La considero un privilegio. El carácter sobrio del texto es, también, consecuencia de dicha condición. Durante los últimos 25 años, mi actividad profesional me alejó de la física, si bien colateralmente aprendí mucho de la ciencia en general y algo de su relación con la filosofía. Así que con este libro vuelvo a mi primer amor, con unas perspectivas más amplias y, sobre todo, con mucha ilusión.

Espero que el lector disfrute tanto como yo del inmenso monumento conceptual e intelectual que es la física moderna (y contemporánea) y de sus aplicaciones a los astros y al cosmos, así como al cada vez más presente mundo de la información.

El libro queda dividido en cinco secciones. La primera, la del **balbuceo cuántico** y la de las dos revoluciones relativistas, la **relatividad especial** y la **relatividad general**, que tuvieron como escenario el primer cuarto del siglo XX, corresponde a los seis primeros capítulos. La sección relativa a la madurez cuántica, que empieza en 1925 y acaba 40 años más tarde, es la de la **mecánica cuántica**. La tercera sección es la de la construcción de las **teorías**

cuánticas de campos (o de la segunda cuantización), que arranca en los años 1930 y acaba en la década de 1980. Ambos periodos ocupan conjuntamente los siguientes cuatro capítulos. Las últimas dos secciones corresponden a la **astrofísica** y a la **cosmología**, que son aplicaciones de mucho de lo tratado anteriormente, y a la **información cuántica**, esto es, el traslado de las ideas cuánticas a las teorías y tecnologías de la información, comunicación y computación. Constituyen los cuatro capítulos finales. En conclusión, el lector que nos haya acompañado en esta aventura del saber hallará una coda y un epílogo, con reflexiones complementarias y, para recapitular, dónde estamos hoy y hacia dónde podríamos ir.

Algunas partes de la física recibirán más o menos atención que otras en el libro. Es debido a lo que, personalmente, entiendo como ideas *revolucionarias,* algo que, sin duda alguna, reflejará algún que otro sesgo. La perspectiva general del libro es la de la teoría, con su cohorte de conceptos, dejando un poco en segundo plano la observación y la experimentación, y sus tecnologías de instrumentación, absolutamente extraordinarias e ingeniosas, y sin las cuales —no debemos olvidarlo nunca— no habría avances en el ámbito de la teoría. Rige pues aquí el *Trust, but verify:* confía, pero comprueba. La teoría, la observación, la experimentación y la instrumentación se entrelazan en un baile de cronología aparentemente aleatoria, en el que se van turnando los papeles de iniciador, madurador, ejecutor y finalista.

El nivel de la obra es el de la divulgación ambiciosa. Esto quiere decir que considero que una persona sin estudios de física, pero curiosa y con un fino barniz de conocimientos científicos, debería de estar en condiciones de poder disfrutar de su lectura, ojalá tanto como lo he hecho yo con su escritura. Lo mismo debería darse con los científicos que no son físicos. Asimismo, he tenido muy presentes a los estudiantes interesados en la física. También confío en que hallen información interesante mis colegas físicos, e, incluso, quizás algunos que son investigadores.

Con todo, es posible que lectores que no pertenezcan a ninguna de las anteriores categorías, en particular los más jóvenes, sean los que le saquen el máximo provecho a la lectura de este libro.

Una rápida lectura del apéndice B antes de empezar puede ser útil para facilitar la comprensión posterior, y para tener en mente cuándo volver a él. En el mismo sentido, una segunda lectura de varios capítulos —tras haber acabado el libro— sin duda redondeará y ayudará a profundizar la comprensión de esta maravillosa aventura de la física.

Los verdaderos protagonistas del libro son los más de cien premios Nobel de Física mencionados, la mitad de todos los que han recibido el de Física desde que se otorga.

El glosario recoge todos los conceptos más importantes que aparecen en la obra en letra negrita.

Vivo en Luxemburgo, país que vio nacer en el siglo XIX a un premio Nobel de Física, Gabriel Lippmann. Nací en España, y allí viví la mayor parte de mi vida y allí aprendí a soñar. Soñar es importante. Mi sueño es que la lectura de este pequeño libro aumente, siquiera un poco, la probabilidad de tener en los próximos cincuenta años un Premio Nobel de Física otorgado por una investigación hecha en España.

1

Preludio de fin de siglo:
Marie Sklodowska-Curie y la radiactividad (1898)

«Nada debe ser temido, todo debe ser comprendido».[1]

(M. Sklodowska-Curie)

Isaac Newton (1642 o 1643, según el calendario utilizado -1727) sienta en Cambridge, con su *Philosophiae naturalis principia mathematica* (1687), las bases de la física y, por lo tanto, las de la ciencia moderna. Basándose en los trabajos de Copérnico, Kepler y Galileo, postula sus tres leyes de la dinámica y formula su ley de la gravedad, unificando con ellas dos fenómenos considerados independientes: el movimiento debido al peso de los objetos y el movimiento de los planetas. La famosa manzana *cae* y la Luna también *cae*, pues, si no fuese así, seguiría una trayectoria rectilínea. La primera cae en línea recta, pero aumentando su velocidad, es decir, aceleradamente; la segunda

---

1. La frase completa en francés es *«Rien dans la vie n'est à craindre, tout doit être compris. C'est maintenant le moment de comprendre davantage, afin de craindre moins»* («Nada debe ser temido en la vida, todo debe ser comprendido. Es ahora el momento de comprender más, para temer menos»). Es magníficamente profunda.

cae siguiendo una trayectoria curva, cambiando la dirección de la velocidad, y por ello aceleradamente también, pero en dirección perpendicular a la velocidad. Ambas caen sobre la Tierra, hacia su centro, atraídas por esta última gracias a su ley de la gravedad —véase (B.2)— que introduce la **constante G, llamada de Newton**.

Doscientos años más tarde, James C. Maxwell (1831-1879) formula en el Reino Unido las ecuaciones que describen el electromagnetismo, unificando de este modo los campos eléctricos y magnéticos con las ondas de luz, que no son más que campos eléctricos y magnéticos oscilantes que se propagan a una velocidad constante que se designa como c, unos 300 000 km/s en el vacío. Esta es otra de las grandes unificaciones de la física.

Por otro lado, Ludwig Boltzmann (1844-1906) concibe en el último tercio del siglo XIX, entre Graz y Viena, la llamada mecánica estadística, que explica la termodinámica, fundamento científico de la Revolución Industrial basada en la máquina de vapor, a partir de los (en ese momento) supuestos constituyentes microscópicos de la materia y de los gases, es decir, a partir de los átomos y de las moléculas. Este es, probablemente, el primer ejemplo de **emergencia**, ya que describe fenómenos macroscópicos como proyecciones, promedios —conceptual y prácticamente muy útiles— de lo que ocurre de forma más compleja microscópicamente. Así se explican conceptos como la presión, el calor o la energía interna, y la temperatura, que representa un promedio de la energía cinética de todos los constituyentes microscópicos, sea esta energía traslacional, rotacional o vibracional. Maxwell había sentado antes las bases del trabajo de Boltzmann. Otros ejemplos de emergencia, algunos algo especulativos, serán mencionados en otros capítulos.

La fórmula que describe la entropía,[2] S, de un objeto macroscópico —que mide el desorden interno, la falta de estructuración, de ese objeto— la relaciona con el número de distintas configuraciones microscópicas, W,[3] compatibles con el estado físico de dicho objeto macroscópico. W cuantifica ese desorden interno. Esta fórmula:

$$S = k \ln W \quad (1.1)$$

que se encuentra como epitafio en la tumba de Boltzmann en el Zentralfriedhof, el cementerio principal de Viena, introduce la **constante de Boltzmann, k**, que así hace de puente que conecta el mundo microscópico, es decir atómico, con el mundo macroscópico, que corresponde a nuestra escala humana. W es un número inimaginablemente elevado, y k una constante muy pequeña en el Sistema Internacional de Unidades. El logaritmo natural, ln,[4]

---

2.   Es uno de los conceptos más sutiles de la física, de la química, de la biología y de la teoría de la información. La denominación se debe a Rudolf Clausius (1822-1888), cuando entendió que el calor no fluye espontáneamente desde un cuerpo frío a uno caliente, y buscó una palabra no muy lejana de la palabra «energía». Volveremos a este concepto en varias ocasiones.

3.   Imaginemos 4 cajas colocadas en las esquinas norte, sur, este y oeste de una habitación y 3 bolas de colores distintos. ¿Cuántas configuraciones distintas hay? Hay 24 con una caja vacía y una sola bola en cada una de las otras tres. Hay 36 con dos cajas vacías, 2 bolas en una de las otras, y una en la que queda. Finalmente, hay 4 con tres cajas vacías y las 3 bolas en la caja restante, ¡dando un total de 64 configuraciones con solo 3 bolas! Como el número de átomos que constituyen un material es inmenso, el número de configuraciones es tal que escapa a nuestra imaginación.

4.   Los logaritmos son la función opuesta a la exponencial. El logaritmo natural, el opuesto a la exponenciación del número «e», el número de Euler, es decir, $\ln e^x = x$. La identidad de Euler, $e^{i\pi}+1=0$, que relaciona los cinco números más importantes, siendo «i» la unidad imaginaria, la raíz cuadrada de -1, es considerada por muchos la ecuación más bella de las matemáticas.

Tumba de Ludwig Boltzmann en el cementerio
central de Viena, donde aparece grabada
la fórmula de la entropía.

asegura que la entropía sea aditiva, es decir, que la entropía de
un objeto sea la suma de las entropías de sus partes, como corresponde a una magnitud extensiva. Esta fórmula es una de las
múltiples versiones del **segundo principio de la termodinámica**,
que afirma que la entropía en un sistema aislado nunca decrece,
porque significaría pasar a un estado macroscópico inimaginablemente menos probable. Con el paso del tiempo, la entropía de
un sistema aislado alcanza, asintóticamente, un valor máximo.
De esta forma, la **entropía de Boltzmann mide el desorden interno, la falta de estructuración** del objeto, que corresponde a
cuantas formas de situar los átomos o moléculas, y de asignarles
velocidades, existen para el objeto en cuestión. Así, si consideramos un cierto volumen de nuestra atmósfera y, si separamos

las moléculas de oxígeno de las de nitrógeno en zonas distintas del volumen, habremos creado un cierto orden —una cierta estructura—, y, como el número de configuraciones posibles de las moléculas es *mucho menor* que cuando no se habían separado, ya que no disponen de todo el volumen, la entropía es *menor*.[5] La creación de orden, de estructuras —como la vida— hace disminuir localmente la entropía. Esto no contradice el segundo principio de la termodinámica, porque la creación de orden, de vida, no es posible en un sistema aislado. Solo lo es en un sistema abierto, por el que transita un flujo de energía. Y globalmente, en el sistema completo, la entropía no decrece.

El precio de la vida es, por consiguiente, el ingente aumento de desorden en su entorno. ¡Viva, pues, el desorden!

El segundo principio de la termodinámica es la única ley fundamental de la física que distingue entre el pasado y el futuro, el que marca la flecha del tiempo. Muchos creen que es la ley más fundamental de todas, y que no se puede entender el tiempo sin ella. Algunos hasta creen que aún no la hemos comprendido de forma exhaustiva. Volveremos a ella.

Maxwell —y, algo más tarde, Boltzmann— introdujo el importantísimo **principio de equipartición** de la energía, que postula que la energía de un sistema en equilibrio térmico se distribuye por igual entre los distintos grados de libertad de las moléculas —los grados que corresponden al movimiento de traslación, al de rotación y al de vibración—, y siempre en unidades de $kT/2$,[6] siendo T la temperatura absoluta, siempre positiva, medida en kelvin.

---

5. Nótese el paso de «mucho menor» a «menor»: esto es debido al logaritmo, que amortigua los cambios.

6. Esto parece anticipar premonitoriamente la cuantización, que llegará unos años más tarde.

Como veremos, cuando en el estudio cuántico del microcosmos aparece la temperatura, lo suele hacer en la combinación kT, que tiene dimensiones de energía.

Boltzmann creía firmemente en la existencia de los átomos, idea todavía muy controvertida en su tiempo. Se suicidó, quién sabe si en parte por las amargas diatribas atomistas que afectaron a la relación con sus colegas, coincidiendo precisamente con el momento en que Einstein, en su célebre *annus mirabilis,* había demostrado de forma convincente su existencia, al explicar el movimiento browniano —irregular y aleatorio— de las partículas en suspensión, como resultado de colisiones con átomos o con moléculas.

La física parecía así a finales del siglo XIX completa con su correcta descripción de las dos interacciones conocidas, la gravitatoria y la electromagnética, y con la comprensión de los fenómenos macroscópicos del mundo material a partir de sus constituyentes. Pero en ese *fin de siècle* aparecieron unas nubes que llevaron a una sucesión de revoluciones científicas —inimaginables hasta que ocurrieron— que han cambiado nuestro mundo y propulsado el desarrollo económico de los últimos 80 años.

En la década de 1880, Albert Michelson (1852-1931, premio Nobel de Física[7] 1907) y Edward Morley (1838-1923) observan experimentalmente en los Estados Unidos que la velocidad de la luz es una constante absoluta, es decir, que no depende del movimiento de la fuente que emite la luz ni del movimiento del aparato que la detecta y efectúa las medidas. La física del momento no permitía entender este resultado, ya que consideraba necesaria para la propagación de la luz la presencia de un éter que llenaba todo el

---

7.   A partir de aquí, los ganadores del Premio Nobel de Física: «PN».

espacio (igual que el sonido necesita el aire para propagarse), éter que representaba un sistema de referencia absoluto con respecto al cual se podrían medir las velocidades de forma objetiva.

También en la descripción estadística de los calores específicos, que representan la capacidad de un material para almacenar calor, había serios problemas si los átomos eran lo que su etimología indica: indivisibles, luego elementales. William Thomson, lord Kelvin (1824-1907), en una conferencia pronunciada en el año 1900, declaró, algo temerariamente, que este fenómeno junto con el resultado de la constancia de la velocidad de la luz eran los dos restantes problemas abiertos de la física. Fueron resueltos ambos por las revoluciones del siglo XX, pero no eran los únicos problemas abiertos.

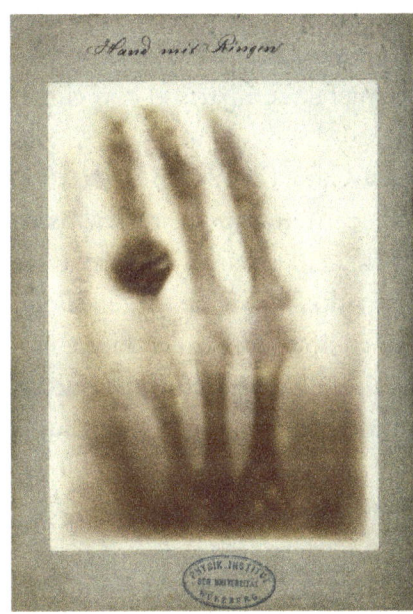

Primera radiografía de Wilhelm Röntgen de la mano de su esposa.

En la década de 1890, Wilhelm C. Roentgen (1845-1923, PN 1901, primera edición de los Premios Nobel) descubre en Wurzburgo (Alemania) los **rayos X**, más tarde entendidos como un flujo de fotones energéticos, con más energía que la correspondiente a la luz ultravioleta (UV). La imagen de los huesos de la mano de su esposa dio la vuelta al mundo, y no solo el de la ciencia. Muy poco después, Henri Becquerel (1852-1908, PN 1903) descubre en París una radiación nueva, emitida de forma espontánea

31

por sales de uranio, distinta de la fosforescencia y la fluorescencia, que son radiaciones inducidas. Pronto le preocupó que esta radiación fuera emitida sin ningún estímulo, y que no se debilitara con el tiempo, y se preguntó sobre el origen de la energía de esta radiación.

La utilización de los rayos X en medicina llegó rápidamente. Que por razones de salud debía emplearse con dosis bajas llevó más tiempo en entenderse adecuadamente. Este es otro ejemplo de cómo la investigación motivada por la mera curiosidad (*blue sky research* en inglés) puede conducir a tecnologías que —correctamente utilizadas— benefician enormemente a la humanidad.

El descubrimiento de los rayos X y de la nueva radiación de Becquerel fueron ciertamente fortuitos, ejemplo de serendipia, pero ocurrieron gracias a la curiosidad y al afán de explorar lo desconocido de estos científicos. Ambos recibieron el Premio Nobel de Física: Roentgen, solo, y Becquerel, compartido con el matrimonio Curie, dos años más tarde.

Y así fue como Marie Sklodowska-Curie (1867-1934, PN 1903 y premio Nobel de Química 1911) se interesó por estos **rayos de Becquerel** e inició su estudio de forma cuantitativa y sistemática. No hacía mucho que había abandonado su país de origen, Polonia, para ir a estudiar en París. Convenció a su marido, Pierre Curie (1859-1906, PN 1903), de seguirla en estos estudios, que los llevaron a descubrir otro elemento radioactivo, el torio, producto de las desintegraciones del uranio, y posteriormente el polonio y el radio,[8] y a entender que la radiactividad es una propiedad atómica.

---

8.   El platino, wolframio y vanadio habían sido descubiertos respectivamente por los españoles Antonio de Ulloa, los hermanos Elhuyar y Andrés Manuel del Río a finales del siglo XVIII.

Compaginaba su trabajo de científica con el cuidado de su hija y completó finalmente su tesis en el año 1903, el mismo en el que recibió el Premio Nobel de Física, que compartió con su marido Pierre Curie y con Henri Becquerel. Se dice que Pierre tuvo que convencer al Comité Nobel de incluir a su mujer, dejando claro que había sido ella la que había iniciado y liderado el trabajo común. Pierre murió en un accidente unos años más tarde, ya muy enfermo por efectos de las radiaciones recibidas, que probablemente también avanzaron el fallecimiento, aunque muy posterior, de ella. Marie también recibió unos años más tarde el Premio Nobel de Química, siendo hasta la actualidad la única mujer con dos Premios Nobel, si bien nunca fue elegida miembro de la Académie des sciences, por razones hoy incomprensibles. Su matrimonio con Pierre es considerado por los científicos un bello ejemplo —poco común— de armonía empática y colaborativa, tanto en lo personal como en lo profesional.

Le debemos a Madame Curie la frase citada que encabeza el capítulo: «Nada debe ser temido en la vida, todo debe ser comprendido. Es ahora el momento de comprender más, para temer menos», que para algunos entroniza la comprensión como el supremo objetivo del quehacer intelectual. Comprender es algo más que saber, puesto que puedo saber lo que dicen las tres leyes de Newton y eso no implica que las haya comprendido, que haya entendido el papel de la masa, de la inercia o de la fuerza de reacción. Se habla mucho de la sociedad del conocimiento, pero sería más pertinente hablar de la sociedad del entendimiento, o de la comprensión, que es aquello que nos ayuda a ser creativos y nos protege de los temores.

Madame Curie fue la única mujer que participó, junto con 28 colegas masculinos, la flor y nata de la física del momento, en el mítico congreso de Solvay del año 1927 en el hotel Métropole de Bruselas, durante el que tuvo lugar el famoso debate inicial entre Einstein y Bohr sobre el significado de la física cuántica. Volveremos más adelante a esto.

Ernest Rutherford (1871-1937, premio Nobel de Química 1908) fue otro físico que se interesó por los rayos de Becquerel. Los clasificó, según su capacidad de penetración en la materia, en α, que se absorben rápidamente, y β, que penetran más. Los rayos α fueron posteriormente identificados como núcleos de helio 4, es decir, un núcleo atómico formado por dos protones y dos neutrones, y que interaccionan fuertemente con la materia; y los rayos β como electrones, con una masa varios miles de veces más reducida que la de las partículas α, y que solo interaccionaban electromagnéticamente con la materia. Posteriormente se añadieron los rayos γ, que no son otra cosa que los fotones, partículas elementales sin masa, correspondientes a ondas electromagnéticas extremadamente energéticas, incluso más que los rayos X de Roentgen.

También se le debe a Lord Rutherford el concepto de **vida media de las desintegraciones** causantes de estas radiaciones. Observó que siempre una fracción constante de los átomos radioactivos existentes es la que, en cada intervalo de tiempo fijo, se desintegra, siendo la vida media el tiempo que debe transcurrir para que, de un material radioactivo —de un isótopo nuclear—[9]

---

9.   De todo elemento químico, que se define por el número de protones que tiene su núcleo, Z, llamado número atómico, existen varios isótopos, que se distinguen por el número de neutrones que tiene su núcleo. Así, del hidrógeno, cuyo núcleo tiene un protón, y que es el elemento más abundante del Universo, se conocen tres isótopos: el que no tiene ningún neutrón, el que tiene uno, llamado deuterio, y el que tiene dos, denominado tritio, que es radioactivo, puesto que se desintegra.

quede la mitad. Esto lleva inmediatamente a la ley exponencial de las desintegraciones. Muy significativa, por profunda, sería la comprensión posterior de que nada determina qué núcleos concretos son los que se desintegran en cada momento: el **azar fundamental cuántico** asoma, por primera vez, la cabeza. Los núcleos no envejecen, nada distinguía a los núcleos que se han desintegrado ya de los que no lo han hecho aún. El tiempo para ellos no significa lo mismo que para una célula de un ser vivo. Se puede explicar en principio por qué muere una célula concreta, pero no se puede explicar por qué un núcleo concreto se desintegra. El **demonio de Laplace**, que afirma que todo el Universo es determinista y predecible, que el pasado y el futuro se pueden calcular con infinita precisión, ha encontrado finalmente su Parca.

Las vidas medias pueden tomar todos los valores entre larguísimas y cortísimas. El uranio, para ser precisos, su isótopo más común de número másico[10] 238, tiene una vida media de miles de millones de años, mientras que la del torio es de una fracción de segundo. Recordemos que son el fundamento de la tecnología de datación científica más extensa y precisa que conocemos, la basada en el carbono 14, cuya vida media es de unos 6000 años. Permite datar con precisión materia orgánica que se formó hasta hace unos 60 000 años, cuando queda solo un uno por mil de la cantidad inicial, midiendo la proporción de carbono 14 con respecto a la del isótopo estable, el carbono 12; con menor precisión, permite datar hasta hace algunos centenares de miles de años.

---

10. Número de protones y neutrones del núcleo, A. La vida media del uranio 235 es casi diez veces más corta. Elementos con el mismo número A se llaman isóbaros.

Es también en estos años de fin de siglo cuando Joseph J. Thomson (1856-1940, PN 1906)[11] fue el primero en medir, en Cambridge, con un margen de error aceptablemente pequeño, el cociente de la masa y carga del **electrón**, de hecho, la primera partícula de las que hoy en día se denominan «elementales», es decir, sin estructura interna, solo caracterizadas por su masa, su carga eléctrica y —como se entendió más tarde— su momento magnético intrínseco. Este último es debido a una magnitud cuántica llamada espín, que correspondería —permitiéndonos una imagen gráfica— a una microscópica peonza acompañada de un debilísimo campo magnético dipolar alineado con el eje de la peonza. También hizo una estimación de su carga, aunque fue Robert Millikan (1868-1953, PN 1923) quien realizó las medidas precisas de la carga del electrón, con una tecnología simple e ingeniosa, basada en diminutas gotas de aceite a las que se enganchaban algunos electrones, cargándolas eléctricamente.

Las preguntas que quedan abiertas en este cambio de siglo, en el contexto de la investigación de la **radiactividad**, son las siguientes:

¿De dónde extraen la energía las radiaciones α, β y γ?

¿Cómo se originan estas radiaciones de origen atómico?

¿Por qué la ley de desintegración es exponencial?

Las respuestas tendrían que esperar la aparición de las ideas cuánticas y, con ellas, las descripciones de las nuevas fuerzas nucleares.

---

11. En ese año de 1906, Santiago Ramón y Cajal (1852-1934) recibió el Premio Nobel de Fisiología o Medicina, compartido con Camillo Golgi (1843-1926). En aquella época aún era posible otorgar el Premio Nobel a la vez a dos personas cuyos trabajos se contradecían. Las redes de neuronas de Ramón y Cajal se impusieron.

Acabemos recordando que el primer principio de la termodinámica es la **ley de la conservación de la energía**, E, por la que, si una energía es emitida es porque es el resultado de la transformación de otra forma de energía. No se consume energía, esta solo se transforma, aumentando normalmente la entropía en este proceso. Se define la energía libre como $E - TS$, y representa la energía «útil», la que se puede utilizar, por ejemplo, para hacer trabajo. Las transformaciones de la energía la van haciendo cada vez menos útil.

De todos los actores de este capítulo, solo Lord Rutherford jugará un papel importante en un capítulo posterior, pero tanto él como Becquerel y los Curie fueron honrados al ver utilizados sus apellidos para las diferentes unidades de radiactividad. La unidad de actividad del Sistema Internacional es el Bq, que corresponde a una desintegración por segundo. El Rd corresponde a 1 MBq y el Ci es igual a 37 GBq (véase apéndice B, T.3). Roentgen dio su apellido a una de las unidades de exposición a la radiación X o γ, R, que se define como la carga eléctrica liberada por la radiación en un volumen especificado de aire, dividida por la masa de este volumen.

2

El año 1900: David Hilbert y sus 23 problemas, y Max Planck y su cuantización

«Sabremos, debemos saber».[12] (D. HILBERT)

«La ciencia avanza al ritmo de los funerales». (M. PLANCK)

En este año de 1900 tuvo lugar en París el Congreso Internacional de Matemáticos, bajo la presidencia de Henri Poincaré (1854-1912), un gran matemático y uno de los últimos científicos capaces de contribuir sustancialmente a varias disciplinas distintas. Este fue el segundo de esta serie de congresos cuadrienales, durante los que —desde hace unos años— se anuncia la Medalla Fields,[13] desde el año 1936 el reconocimiento más importante para matemáticos que aún no hayan cumplido los 40 años.

---

12. *Wir werden wissen. Wir müssen wissen.* Epitafio en la tumba de Hilbert en Gotinga, que responde a la conocida máxima *ignoramus et ignorabimus* (desconocemos y desconoceremos), que recuerda que el conocimiento científico siempre tiene fronteras, más allá de las cuales reina la ignorancia.

13. En el año 2006 tuvo lugar el congreso en Madrid. Grigori Perelman, uno de los galardonados, hombre nada corriente, lamentablemente renunció a la Medalla Fields y no acudió. Se dice que consideraba que la investigación en matemáticas puras se hace por ansias de saber, de descubrir, y por nada más.

David Hilbert (1862-1943) pronunció la conferencia central del congreso, en la que anunció los 23 problemas cuya demostración completarían las matemáticas. Esta famosísima lista de los **problemas de Hilbert**, junto con su «programa» formulado veinte años más tarde, ha funcionado como motor de la investigación en matemáticas a lo largo del siglo xx, quizás de forma algo amortiguada tras el **trabajo revolucionario de Kurt Gödel**, publicado treinta años más tarde, quien demostró que un formalismo matemático suficientemente potente para ser interesante no puede ser completo y coherente a la vez.[14] Gödel (1906-1978) basó su demostración en una aritmetización de proposiciones paradójicas, autorreferenciales, como la conocida «esta proposición es falsa», que, un simple razonamiento basado en «supongamos primero que es verdadera, entonces...» permite demostrar que es tanto falsa como verdadera, luego incoherente o indemostrable. El resultado de Gödel es el más importante de las matemáticas del siglo xx; para algunos, de las matemáticas *tout court*.

Hilbert nació en Königsberg (hoy Kaliningrado), Prusia oriental, ciudad que vio nacer y morir a Immanuel Kant, considerado por muchos el más gran filósofo occidental desde la época clásica griega, y que siempre residió en ella.[15] Simultáneamente a la presentación de la relatividad general de Einstein en el año 1915, Hilbert introdujo una acción —magnitud importante en la física

14. Como la coherencia es sagrada en matemáticas, debe ser incompleto, es decir, que hay proposiciones ciertas pero indemostrables. Es imposible exagerar la importancia epistemológica de este resultado, que acota fundamentalmente las ambiciones matemáticas.

15. Kant es el perfecto contraejemplo de la importancia que tiene conocer el mundo, haber vivido en lugares distintos, de cultura, lengua y filosofía de vida distintas, para entenderlo bien. Como en casi todo, estas experiencias ayudan, aumentan las probabilidades y posibilidades, pero no son determinantes.

teórica— hoy llamada acción de Hilbert-Einstein, que permitía derivar las ecuaciones de Einstein de forma muy sencilla.

Hilbert hizo de Gotinga un centro mundial de las matemáticas, probablemente EL centro mundial de las matemáticas. Su preeminencia duró unos treinta años. En una visita del ministro nazi de Educación e Investigación a Gotinga, este preguntó a Hilbert: «¿Cómo están las matemáticas en Gotinga ahora sin la influencia judía?». La respuesta de Hilbert no fue ambigua: «¿Matemáticas en Gotinga? Pero si apenas quedan...».

El problema número 10 de la lista de Hilbert trata de la solubilidad de las ecuaciones diofánticas, llamadas así en memoria del matemático griego Diofanto de Alejandría, que vivió en el siglo III, y cuya fama se debe a su obra *Arithmetica*. Son ecuaciones algebraicas con coeficientes enteros, para las que se buscan soluciones también enteras. El teorema de Pitágoras es un ejemplo de una ecuación diofántica, cuando nos limitamos a triángulos rectángulos cuyos lados tienen una longitud dada por números enteros.[16] El jurista del siglo XVII Pierre de Fermat, apasionado de las matemáticas —por ello conocido como «el príncipe de los aficionados»— escribió en el margen de su ejemplar de la edición francesa de la *Arithmetica* lo que desde entonces se llama «el gran o último teorema de Fermat», una generalización del teorema de Pitágoras a exponentes enteros más grandes que 2:

$$a^n + b^n = c^n \quad (2.1)$$

y que afirma que, si n es un entero mayor que 2, no se pueden encontrar a, b y c enteros que satisfagan la ecuación. Fermat escribió

---

16. Las dos soluciones más sencillas son 3, 4 y 5; y 5, 12 y 13.

que tenía una demostración maravillosa, pero que el margen era demasiado estrecho para poder anotarla allí. Se puede afirmar que todo matemático o aficionado a las matemáticas ha dedicado algo,[17] en algunos casos mucho —o muchísimo— de su tiempo a pensar en este teorema e intentar encontrar una demostración. Tras 370 años de intentos infructuosos, Andrew Wiles, nacido en Cambridge, Inglaterra, en 1953 —año del descubrimiento allí mismo del ADN por parte de Crick y Watson (premios Nobel de Fisiología o Medicina 1962; Crick era físico)— logró, trabajando en el Instituto de Estudios Avanzados de Princeton, la demostración del gran teorema de Fermat. Se dice que algunos colegas habían pedido al decano que expulsara a Wiles porque durante muchos años prácticamente no había publicado nada. El decano parece ser que había defendido a Wiles con el argumento de que su silencio debía interpretarse como que estaba trabajando en algo realmente grande, como así fue. Este es un ejemplo de cómo el adagio *publish or perish,* publica o perece, podría haber tenido efectos nefastos, aunque debemos pensar que, si Wiles no hubiese dado con la demostración, otro matemático lo habría demostrado posteriormente. Wiles ya no pudo recibir la Medalla Fields, al ser algo mayor de 40 años, pero recibió el Premio Abel,[18] creado

---

17. Este autor confiesa haber caído también en la tentación.

18. El noruego Niels Abel, matemático de principios del siglo xix, murió con 26 años. Es un ejemplo de la extraordinaria productividad y creatividad matemática en edades muy tempranas. El mismo fenómeno se encuentra en la música y en la física teórica, y, en la actualidad, en la informática y en las ciencias de la computación. El símbolo del infinito, ∞, se encuentra inscrito en una estatua suya. Casos extremos de vidas creativas y fecundas cortísimas son los del matemático francés Évariste Galois, fallecido a los 20 años, y del compositor español Juan Crisóstomo Arriaga, el «Mozart español», fallecido a los 19 años.

por el parlamento noruego a imagen y semejanza del Premio Nobel, que no existe en la disciplina de las matemáticas.[19]

John von Neumann (1903-1957) fue, según muchos, el más global de los matemáticos del siglo xx, puesto que, siendo matemático puro, aplicó sus conocimientos a diversos campos de la ciencia y del interés humano, como la física cuántica, las explosiones nucleares, la teoría de juegos aplicada a la economía, los ordenadores digitales, los autómatas celulares y la geoestrategia. Von Neumann estudió disciplinas distintas en Budapest, Zúrich, Berlín, y en Gotinga con Hilbert, cuando simultáneamente su universidad estaba en plena ebullición cuántica. Allí entendió que los por él denominados espacios de Hilbert eran la base para formular axiomáticamente la mecánica cuántica, algo que hizo en el libro *Fundamentos matemáticos de la mecánica cuántica*, publicado en alemán en el año 1932. Murió de un cáncer, quizás causado por las radiaciones recibidas en su desempeño como científico del proyecto Manhattan, cuya dirección científica estaba a cargo de Robert Oppenheimer, en Los Álamos. Fue uno de los poquísimos verdaderos genios del siglo xx, además de políglota, culto, muy sociable y siempre dispuesto a ayudar.

Cuando Von Neumann llegó a Gotinga, Emmy Noether (1882-1935) investigaba en el grupo de Hilbert. Einstein la consideraba la mujer más destacada e importante de la historia de las matemáticas.[20] Era ya conocida por su primer teorema, que afirma

19. Se dice que la mujer de Alfred Nobel tenía una relación amorosa con un conocido matemático sueco, por lo que este decidió no incluir las matemáticas —como tampoco la economía, por otras razones— en su selección de disciplinas que serían galardonadas.

20. Muy posteriormente, la matemática iraní Maryam Mirzakhani, nacida en 1977 y fallecida a los 40 años, fue la primera mujer galardonada con la Medalla Fields.

que las simetrías continuas de las ecuaciones de la física —que las dejan invariantes— implican leyes de conservación de magnitudes físicas. El ejemplo quizás más profundo del **teorema de Noether** es el de la invariancia de las ecuaciones físicas bajo traslaciones en el tiempo, es decir, que las leyes físicas no cambian con el paso del tiempo, con lo que el teorema deduce que la **energía es una magnitud física que siempre se conserva**. Nótese la relación profunda entre el tiempo y la energía, dos conceptos esenciales y que nunca se han sabido definir con precisión. Volveremos frecuentemente a ellos. Si Noether pudo hacer todo lo que hizo, en el ambiente misógino característico de esos tiempos, fue gracias al apoyo de Hilbert, y también de Felix Klein (1845-1925), el otro matemático excepcional de Gotinga. Al intentar el consejo de la facultad impedir la habilitación[21] de Noether, Hilbert se impuso, diciendo: «Una facultad no es una piscina pública».[22]

Max Planck (1858-1947, PN 1918) inició en Berlín, en el año 1900, ya con una cierta edad y de forma algo casual, la que muchos consideran la mayor revolución científica del siglo xx: la de la física cuántica. Murió en Gotinga, adonde le habían llevado soldados americanos que lo habían encontrado desorientado, cerca del Berlín ocupado, en el año 1945. Gotinga era entonces una ciudad abandonada y vaciada de los cerebros que habían hecho de ella la meca de las matemáticas y de la física teórica, y donde veinte años antes una veintena de físicos estadounidenses, entre ellos Robert Oppenheimer, habían acudido para aprender esa extraña teoría cuyos orígenes se remontan a Planck. Vio morir a cuatro de sus hijos de forma dramática, uno de ellos ejecutado por los nazis hacia el final de la guerra. Quizás esto explica su visión a veces

---

21. En España un título equivalente se llama actualmente acreditación.
22. En las que, en aquella época, se separaba a mujeres y hombres.

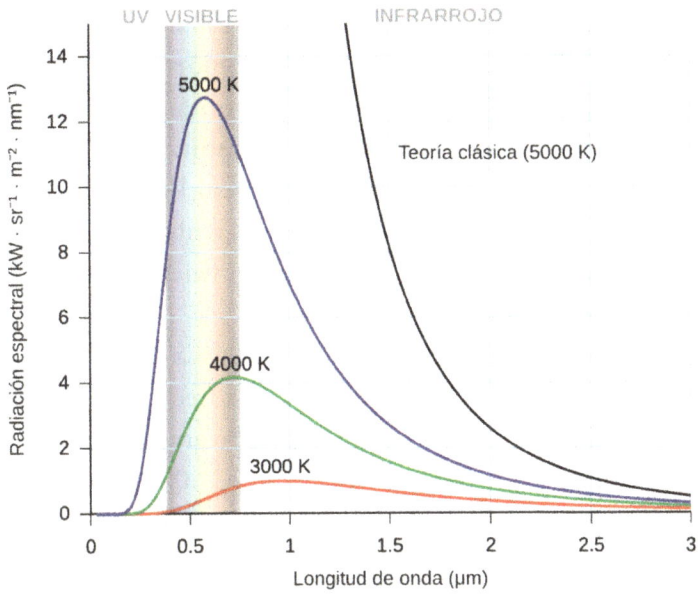

Curvas de radiancia espectral del cuerpo negro para diversas temperaturas según Planck, y comparación con la teoría clásica de Rayleigh-Jeans.

pesimista del devenir, como cuando dijo que la ciencia avanza al ritmo de los funerales,[23] indicando que las nuevas ideas, para ser aceptadas, frecuentemente tienen que esperar a que los defensores del paradigma anterior fallezcan.

Planck estaba interesado en describir la llamada **radiación del cuerpo negro**. Un cuerpo negro es un objeto idealizado que absorbe y emite radiación electromagnética de forma universal, es decir, absolutamente independiente de su composición, de los átomos y las moléculas específicos que lo forman. Su **espectro de emisión o absorción**, la curva que representa la cantidad de

---

23. *«Science advances one funeral at the time»*. El original alemán que he encontrado es algo distinto, *«Die Wahrheit triumphiert nie, ihre Gegner sterben nur aus»* (La verdad nunca triunfa, simplemente mueren sus opositores).

energía electromagnética emitida o absorbida como función de la frecuencia, v,[24] de la radiación, solo depende de la temperatura absoluta, T. Esta temperatura absoluta se mide en kelvin y siempre es positiva, ya que la mínima temperatura permitida por la física, -273,15 °C, se define como 0 K, cero kelvin. A esta temperatura mínima todo movimiento de los constituyentes, que es el origen de esta radiación, cesa, según la física clásica, la única conocida en aquel momento.

El espectro del cuerpo negro es una curva continua y suave, no quebrada, y tiene un solo máximo a una frecuencia que es proporcional a T, como afirma la **ley de desplazamiento de Wien**. A la temperatura de la superficie del Sol, unos 6000 K, ese máximo está en el visible, reconocible en el color amarillento de la luz solar. A temperaturas más altas, la luz se hace azulada y blanquecina, a temperaturas inferiores la radiación es infrarroja alejada del visible, que se reconoce por el color rojizo. La energía total emitida por unidad de tiempo, es decir, la potencia, es proporcional a T^4, como afirma la ley de Stefan-Boltzmann, creciendo así rápidamente con la temperatura. En consecuencia, dado que la temperatura de la Tierra está cerca de 300 K, si esta sube un grado, la energía total emitida aumenta algo más de un 1 %. A estas temperaturas la frecuencia de emisión máxima corresponde al infrarrojo. Pero esta radiación, emitida por la corteza terrestre y los océanos, es absorbida por los gases invernadero que hay en la atmósfera, vapor de agua, dióxido de carbono,[25] metano, óxido nitroso y ozono, emitiendo,

---

24. Es la letra griega «nu» minúscula. No se debe confundir con la velocidad.

25. El papel del dióxido de carbono en el calentamiento de la Tierra fue estudiado con precisión por el físico Svante Arrhenius a finales el siglo xix, sentando las bases de los estudios cuantitativos del clima. Recibió el Premio Nobel de Química en 1903. La activista Greta Thunberg tiene un antepasado común con Arrhenius.

hacia el espacio y hacia la Tierra, a su vez, radiación infrarroja, que calienta de nuevo nuestro planeta.

Recordemos brevemente el espectro de las radiaciones electromagnéticas. Todas ellas se propagan en el vacío a la misma velocidad, la **velocidad de la luz, c**, unos 300 000 km/s, y se diferencian solo por su frecuencia o, alternativamente, por su longitud de onda, λ, relacionadas por la formula

$$\nu\,\lambda = c \quad (2.2).$$

Empezando por las frecuencias más bajas, correspondientes a las emisiones de las líneas de alta tensión, de longitud de onda de centenares de metros, pasamos por las de radio, de televisión, de radar, microondas, para llegar al infrarrojo, antesala de la luz visible. Esta se descompone a su vez en el arcoíris, empezando por el rojo para acabar en el violeta, de longitudes de onda entre 700 y 400 nm respectivamente (véase apéndice B, T.3). Después, y continuando hacia frecuencias aún más elevadas, llegamos al ultravioleta A y B, a los rayos X blandos y duros, y finalmente a los rayos γ, que pueden ser nucleares, de los aceleradores y cósmicos, de frecuencias inimaginablemente altas, y así de longitud de onda muchísimo más pequeñas que el tamaño de un núcleo atómico.

En Berlín había varios grupos experimentales que medían con precisión el espectro de emisión del cuerpo negro. La física conocida no era capaz de explicarlo. Había modelos que explicaban el espectro a bajas frecuencias, pero entonces daban un exceso de emisión a altas frecuencias, fenómeno denominado la **catástrofe ultravioleta**. Otros modelos explicaban las altas frecuencias, pero entonces fallaban en las bajas. Es difícil saber lo que pasó por la mente de Planck, pero en algún momento formuló su **hipótesis de**

los cuanta, de la cuantización, suponiendo que, por alguna razón que ya se descubriría posteriormente, la energía emitida por los constituyentes del cuerpo negro en forma de ondas electromagnéticas no era continua, sino que era discreta —discontinua— y era siempre un múltiplo de una cantidad de energía mínima, llamada *cuanto,* dada para cada frecuencia ν por la fórmula

$$E = h\,\nu \quad (2.3).$$

Y es en esta **relación de Planck, o de Planck-Einstein, donde apareció su constante, h,** sacada como de la manga, y que ha revolucionado el mundo del conocimiento científico desde su introducción hasta el día de hoy. Planck presenta así una fórmula compacta para la distribución de frecuencias de la radiación del

Tumba de Max Planck
en el cementerio de Gotinga.

cuerpo negro que le permite encontrar, por ajuste, un valor para su constante h que reproduce —para todas las frecuencias— de forma sorprendentemente precisa los resultados experimentales encontrados por sus colegas. De hecho, el factor relevante de la fórmula es la ponderación relativa de $h\nu$ con respecto a kT, $h\nu/kT$, donde k es la constante de Boltzmann introducida en el capítulo anterior. Vimos en ese mismo capítulo que $kT/2$ representa la energía media por grado de libertad del movimiento de los átomos y de las moléculas constituyentes del cuerpo negro, es decir, cómo el calor del cuerpo se distribuye entre los distintos tipos de movimientos de sus constituyentes. Por otro lado, $h\nu/2$ resultará ser la energía mínima —correspondiente al estado fundamental— de un oscilador cuántico de frecuencia ν, que, al no ser nula, estará muchos años más tarde en el origen de los infinitos de las teorías cuánticas de campos. La idea de Planck de la cuantización de la energía intercambiada entre el material del cuerpo negro y su radiación electromagnética —de su carácter granular— resuelve la llamada catástrofe ultravioleta, porque elimina la mayoría de las frecuencias de emisión, especialmente para las altas frecuencias. Fue una solución heurística, empírica, casi *ad hoc,* pero increíblemente fértil y cuya profundidad aún depara sorpresas.

El valor máximo de la distribución de frecuencias según la **ley de la radiación del cuerpo negro de Planck** se encuentra en una frecuencia dada aproximadamente por $h\nu_{max} = 5kT$, reproduciendo así la ley de desplazamiento de Wilhelm Wien (1864-1928, PN 1911).

La Sociedad Kaiser Wilhelm, dedicada en Alemania a la investigación pura, aquella motivada solo por la curiosidad y el afán de saber y entender, fue rebautizada en el año 1948 Sociedad Max Planck, una de las instituciones científicas más prestigiosas mundialmente. Está organizada en tres áreas, dedicadas respectivamente a la naturaleza física,[26] a la naturaleza viva y al ser humano

---

26.   El autor ha conocido a tres físicos españoles directores de institutos de la Sociedad Max Planck: Manuel Cardona en Stuttgart, Ignacio Cirac en Múnich y Ángel Rubio en Hamburgo. Este es su secreto: atraer y retener a los mejores. La institución comparable en España, *mutatis mutandis,* es el Consejo Superior de Investigaciones Científicas, CSIC, con algunos investigadores muy destacados.

y la sociedad. Está formada por unos 80 institutos y cada uno tiene normalmente tres o cuatro directores, que se benefician de un nombramiento permanente, algo muy excepcional en la Sociedad. Su primer presidente fue Otto Hahn (1879-1968, premio Nobel de Química 1944).

Hahn tuvo a Lise Meitner (1879-1968) como colaboradora durante treinta años, hasta que ella tuvo que emigrar de la Alemania nazi en el año 1938. Fue, a partir del año 1926, la primera profesora de Física en una universidad alemana. La colaboración entre ambos fue extraordinaria, y ambos descubrieron, cuando se separaron y por separado (Hahn con Fritz Strassmann —ambos químicos— en Berlín; y Meitner con su sobrino Otto Frisch —ambos físicos— en Estocolmo y Copenhague), la **fisión nuclear**, la división de un núcleo en dos o varios más pequeños.

La fisión nuclear hace posible, como entendió Hahn con Strassmann rápidamente, y publicándolo, una reacción nuclear en cadena. Meitner, muy probablemente por tener los cromosomas XX en vez de XY, no recibió ningún Premio Nobel, que sin duda hubiese merecido. La noticia del descubrimiento de la **reacción en cadena** movilizó a muchos de los físicos de origen europeo que habían emigrado a los EE. UU., y en particular a los de origen húngaro y alemán, cuando comprendieron que ello implicaba la posibilidad de que la Alemania nazi fabricase una bomba nuclear. Leó Szilárd (1896-1964), quien había teorizado unos años antes el concepto de reacción en cadena,[27] analizó con Enrico Fermi la producción de energía en estos procesos. Los resultados de este estudio llevaron a Szilárd a redactar una carta dirigida al presiden-

---

27. Cuando se bombardea un material con neutrones y salen más neutrones que los incidentes, que así pueden ser utilizados a su vez para bombardear de nuevo, pero con mayor intensidad, etc.

Albert Einstein
Old Grove Rd.
Nassau Point
Peconic, Long Island

August 2nd, 1939

F.D. Roosevelt,
President of the United States,
White House
Washington, D.C.

Sir:

Some recent work by E.Fermi and L. Szilard, which has been communicated to me in manuscript, leads me to expect that the element uranium may be turned into a new and important source of energy in the immediate future. Certain aspects of the situation which has arisen seem to call for watchfulness and, if necessary, quick action on the part of the Administration. I believe therefore that it is my duty to bring to your attention the following facts and recommendations:

In the course of the last four months it has been made probable - through the work of Joliot in France as well as Fermi and Szilard in America - that it may become possible to set up a nuclear chain reaction in a large mass of uranium,by which vast amounts of power and large quantities of new radium-like elements would be generated. Now it appears almost certain that this could be achieved in the immediate future.

This new phenomenon would also lead to the construction of bombs, and it is conceivable - though much less certain - that extremely powerful bombs of a new type may thus be constructed. A single bomb of this type, carried by boat and exploded in a port, might very well destroy the whole port together with some of the surrounding territory. However, such bombs might very well prove to be too heavy for transportation by air.

-2-

The United States has only very poor ores of uranium in moderate quantities. There is some good ore in Canada and the former Czechoslovakia, while the most important source of uranium is Belgian Congo.

In view of this situation you may think it desirable to have some permanent contact maintained between the Administration and the group of physicists working on chain reactions in America. One possible way of achieving this might be for you to entrust with this task a person who has your confidence and who could perhaps serve in an inofficial capacity. His task might comprise the following:

a) to approach Government Departments, keep them informed of the further development, and put forward recommendations for Government action, giving particular attention to the problem of securing a supply of uranium ore for the United States;

b) to speed up the experimental work,which is at present being carried on within the limits of the budgets of University laboratories, by providing funds, if such funds be required, through his contacts with private persons who are willing to make contributions for this cause, and perhaps also by obtaining the co-operation of industrial laboratories which have the necessary equipment.

I understand that Germany has actually stopped the sale of uranium from the Czechoslovakian mines which she has taken over. That she should have taken such early action might perhaps be understood on the ground that the son of the German Under-Secretary of State, von Weizsäcker, is attached to the Kaiser-Wilhelm-Institut in Berlin where some of the American work on uranium is now being repeated.

Yours very truly,
(Albert Einstein)

Carta de Albert Einstein a Franklin D. Roosevelt.

te americano, F. D. Roosevelt, advirtiéndole de la posibilidad de que los alemanes obtuvieran una bomba nuclear, pero pidiéndole a Einstein que la firmase él solo. Einstein firmó la famosa carta, pero, después de Hiroshima y Nagasaki, le asaltaron dudas morales sobre si su decisión había sido la correcta.

Einstein, tras la guerra, residió en Princeton, donde su amistad con Gödel, y los paseos de los dos por el parque del Instituto de Estudios Avanzados, hablando en alemán, se hicieron legendarios. Einstein le preparaba a Gödel bocadillos, porque se olvidaba de comer y, además, tenía miedo de ser envenenado. De hecho, murió de hambre. Einstein también intervino a su favor en el momento de la entrevista de Gödel previa a ser naturalizado norteamericano, cuando este le dijo al juez que había demostrado que la Constitución americana era bastante incoherente y contenía más

53

Kurt Gödel y Albert Einstein fotografiados paseando hacia
el Instituto de Estudios Avanzados en Princeton, en 1954.

de una contradicción. El prestigio de Einstein atemperó al juez,
que hizo oídos sordos al razonamiento de Gödel, sin duda alguna
correcto. Einstein, uno de los más europeos de todos los genios
de la historia, que había huido de los nazis en el año 1933, nunca
volvió a pisar Europa.

La primera persona que entendió el increíble alcance de la hipótesis de Planck, que captó que hacía tambalear los fundamentos
de toda la física clásica fue, cómo no, el propio Albert Einstein, un
completo desconocido hasta entonces, que comprendió antes que
nadie que, de alguna forma, a veces, la luz no se comporta como
una onda, sino como una partícula (posteriormente llamada fotón). Curiosamente, Newton ya había defendido una constitución
corpuscular de la luz, siglos antes, contra la opinión, quizás mejor
fundada, de su contemporáneo Christiaan Huygens.

Con esto pasamos al *annus mirabilis* de Einstein.

3

1905, *annus mirabilis* de Albert Einstein: la constancia de la velocidad de la luz y E = m c²

«La creatividad es el residuo del tiempo perdido».

(A. Einstein)

Albert Einstein (1879-1955, PN 1921) nació en Ulm, ciudad alemana en Baden-Württemberg que se enorgullece de tener la torre eclesiástica más alta del mundo,[28] pero creció y fue al colegio en Múnich. Después de vivir brevemente con su familia en Italia (Pavía), se trasladó a Aarau, cerca de Zúrich, para ir posteriormente a estudiar a la renombrada ETH[29] de Zúrich, con un éxito moderado. Finalmente se trasladó a Berna en el año 1902 para trabajar en la Oficina de Patentes. Durante los últimos años del siglo anterior, y hasta el año 1901, cuando adquirió la nacionalidad suiza, fue apátrida, por decisión propia, para evitar el servicio militar en lo que era el (segundo) Imperio alemán.

---

28. Hasta que, quizás pronto, la Sagrada Familia de Barcelona la supere.

29. Eidgenössische Technische Hochschule (Escuela Politécnica Federal), hoy en día quizás la más prestigiosa universidad de la Europa continental, es decir, sin contar Oxford y Cambridge.

Casa de Albert Einstein en Berna.

En estos años previos a 1905, Einstein se casó con la serbia Mileva Marić, nació su hijo Hans y publicó algunos artículos. Entonces, en el año 1905, explotó su creatividad con un nivel de diversidad, profundidad y originalidad nunca visto en el ámbito científico, ni anterior ni posteriormente, en ninguna parte. Trabajando en la Oficina de Patentes, teniendo familia y no estando empleado en ninguna universidad, revolucionó la física con lo que sigue:

- Estudiando el movimiento browniano, contribuye esencialmente a fundamentar la idea de que los átomos y las moléculas son los constituyentes elementales de la materia.
- Introduce la idea de la cuantización de la luz en su interacción con la materia, que condujo al concepto de fotón, «partícula de luz», y que impulsa los posteriores desarrollos de las ideas cuánticas.

- A partir del postulado de constancia de la velocidad de la luz, unifica el espacio y tiempo newtonianos en un único espacio-tiempo, con espectaculares e insospechadas consecuencias para cada uno de ellos, y construye así la relatividad especial.
- Unifica la energía y la masa en su más que célebre fórmula $E = m\,c^2$.

Cada uno de estos resultados hubiese merecido un Premio Nobel, pero recibió solo uno, años más tarde, en 1921, por su descubrimiento de la ley del efecto fotoeléctrico, pero no por la relatividad especial, ni por la que creó diez años más tarde, aún más genial, la relatividad general, omisiones que reflejan el conservadurismo —o prudencia, quizás comprensible— del Comité Nobel, ya que muchos físicos no estaban convencidos de la veracidad de las teorías relativistas.

Wilhelm Ostwald (premio Nobel de Química 1909) fue el primero en proponerlo por la relatividad para el Nobel, ya en el año 1910, pero una década más tarde ya eran muchos los que lo propusieron por varios de sus trabajos. Por otro lado, los Comités Nobel siguieron frecuentemente las propuestas que hizo el propio Einstein, a partir del año 1918 y hasta su muerte, a la hora de otorgar sus premios, no solo en Física, sino también para el de la Paz. En la clasificación de los genios del siglo xx, Einstein[30] es —sin duda alguna— el primero, y eso que hubo muchos.

---

30. La comparación de Einstein con Newton tiene poco sentido dada nuestra incapacidad de comparar de forma objetiva el valor y la dificultad de la creatividad en épocas y lugares distantes en el tiempo y en el espacio, como no la tiene la de Kant con Aristóteles, ni siquiera la de Beethoven con Bach o la de Goya con Velázquez.

Cuando un rayo de luz penetra en una habitación oscura sin corrientes de aire a través de una rendija, vemos partículas de polvo moviéndose aleatoriamente en todas las direcciones, recorriendo en líneas quebradas distintas distancias, menos probables cuanto mayores sean. Según el extraordinario *De rerum natura* de Lucrecio, coetáneo de Julio César, ello es un ejemplo de lo que más tarde se vino a llamar **movimiento browniano**, típico de partículas en suspensión en un gas o en un líquido, fenómeno observado minuciosamente hace casi 200 años por el botánico escocés Robert Brown en los granos de polen suspendidos en el agua. Este movimiento es más rápido y extenso al aumentar la temperatura y al disminuir el tamaño de las partículas en suspensión. Einstein demostró cuantitativamente que este movimiento se debe a fluctuaciones en la distribución de las direcciones y módulos de las velocidades de los átomos o de las moléculas del gas o del líquido, velocidades características del movimiento térmico de los constituyentes del medio. Así, de vez en cuando y aleatoriamente, los constituyentes que colisionan con el grano de polvo o polen tienen velocidades aproximadamente paralelas, transfiriéndole al grano, a pesar de su tamaño muy superior, un impulso suficientemente fuerte como para producir un desplazamiento macroscópico, y, por ello, visible a simple vista o con un sencillo microscopio. El objetivo de Einstein era ofrecer nuevas evidencias, de hecho, definitivas, de la existencia de átomos y moléculas de ínfimo tamaño, es decir, establecer la **teoría atómica de la materia**.

El francés Jean Perrin verificó el análisis de Einstein, recibiendo por ello el Premio Nobel en 1926.

El trabajo de los dos reforzó y estableció la teoría atómica, que desde entonces ha pasado a ser el fundamento de toda descripción y comprensión de la naturaleza material.

El **efecto fotoeléctrico** es la emisión de electrones por un metal al incidir sobre él radiación electromagnética, en particular la luz ultravioleta. Los estudios experimentales del efecto condujeron a algunas reglas que el electromagnetismo clásico no permitía explicar ni entender. Einstein supuso, siguiendo la idea de la cuantización de la energía de Planck, que la radiación incidente, al interactuar con la materia, lo hacía en forma de corpúsculos de energía, es decir en forma de **cuantos de energía electromagnética**, posteriormente llamados fotones. Con estos cuantos de energía fue capaz de describir cuantitativamente las reglas observadas. Así explicó que el fenómeno ocurre solo a partir de una cierta frecuencia de la radiación incidente, y que, aumentando la intensidad de la radiación, solo aumenta el número de electrones emitidos, pero no su energía cinética. De hecho, estas características del efecto se comprenden inmediatamente una vez que se acepta la idea de la cuantización de la energía electromagnética en el momento de la interacción con el metal, es decir, con sus átomos.

Como muestra la fórmula (2.3) que introduce la constante de Planck, solo a partir de una cierta frecuencia el **fotón** tiene suficiente energía para poder arrancar un electrón del mar de electrones característico de los metales.[31] Si llegan más fotones de la misma frecuencia, como ocurre cuando la intensidad de la radiación aumenta, entonces arrancan más electrones: cada fotón, un electrón; concentrar la energía de varios fotones en un electrón es altamente improbable. Es tan fácil de entender esta teoría que no es de extrañar que el Comité Nobel escogiera este trabajo de Einstein para otorgarle el Premio de Física en el año 1921, aunque la

31. En los metales, parte de los electrones de los átomos se separan de ellos, quedando así iones cargados ordenados en una red cristalina, inmersa en una nube de electrones libres, llamada poéticamente mar de electrones.

ceremonia tuvo lugar en 1922, coincidiendo así con el Premio a su gran amigo y *oponente* cuántico interpretativo Niels Bohr. Menos comprensible es la demora de dieciséis años en dárselo a Einstein y de no otorgarle posteriormente otros Premios Nobel.

La relación de Planck-Einstein (2.3) también explica por qué, cuando se empezó a tener la tecnología para detectar fotones uno a uno, fue fácil hacerlo para los rayos γ, más difícil para la luz visible, y prácticamente imposible para las ondas de radio: la sensibilidad de los detectores aumenta con la energía.

Las explicaciones sencillas de fenómenos complejos y sorprendentes son ejemplo de lo que muchos científicos entienden por belleza. Einstein da aquí, con su explicación del efecto fotoeléctrico, el primer paso consciente que conduciría a tantas ideas cuánticas revolucionarias, entre ellas a la idea de la dualidad onda-partícula, casi veinte años más tarde, a la que volveremos en otro capítulo.

El efecto fotoeléctrico jugó un papel importante en el desarrollo de varias tecnologías, como las que sustentan los paneles fotovoltaicos o los detectores de movimiento, tan utilizados hoy en día.

Pasemos ahora a su siguiente trabajo. Que las leyes de la física son las mismas para dos observadores que se mueven, uno con respecto al otro, con una velocidad constante en módulo y dirección, era conocido desde Galileo. Si vamos en un tren que se desplaza con velocidad constante en una trayectoria rectilínea y estudiamos los movimientos dentro de él de pelotas, péndulos o de una gimnasta, todo es idéntico a como lo percibe la persona que tiene su observatorio estático —con las pelotas, péndulos y gimnasta— en la estación. Este es el **principio de relatividad o de Galileo**: no hay velocidades absolutas o privilegiadas. Tiene que ser así, puesto que, en la superficie de la Tierra, debido a su rotación diaria, en cada instante nuestra velocidad y la de nuestros antípodas se diferencian en algunos miles de km/h, pero todos observamos las mismas leyes de la física. Y las velocidades se suman, tal y como sumamos distancias. Así, la velocidad respecto a la estación de un pasajero que viaja en un tren y que se desplaza al vagón restaurante es la suma de la velocidad del pasajero al desplazarse en el tren, más la propia del tren. Las velocidades siguen las reglas del espacio sin afectar al tiempo. Este último es inmutable e independiente del movimiento y del espacio.

Pero el experimento de interferencia óptica de Michelson y Morley, realizado en los Estados Unidos unos veinte años antes, mostró que las reglas de sumar velocidades no valen para la velocidad de la luz: estando en el tren, la velocidad con la que me llega la luz emitida por un foco fijo en el tren es la misma que la de la luz que me llega de un foco de la estación: lo que ha cambiado es la frecuencia, no la velocidad. Pero como las velocidades relacionan el espacio y el tiempo, y, cuando son elevadas, se observa que ya no siguen las reglas de adición newtonianas, algo tiene que haber pasado con el espacio y el tiempo. Es así como aparece el **espacio-tiempo de cuatro dimensiones, el espacio-tiempo de Minkowski**, en el que la «distancia»[32] entre dos eventos, es decir, entre dos puntos de ese espacio-tiempo, es la misma para todos los observadores en movimiento uniforme

---

32. $d^2 = c^2 \Delta t^2 - \Delta x^2 - \Delta y^2 - \Delta z^2$. Nótese que la contribución del intervalo espacial a la distancia cuatridimensional se sustrae de la distancia temporal una vez que esta se ha multiplicado por la velocidad de la luz al cuadrado, es decir, matemáticamente «ict» juega un papel similar al de la distancia espacial. Puntos separados por una distancia cuatridimensional nula se unen con un rayo de luz. Los de distancia positiva, por ejemplo, los que ocurren en el mismo lugar, se pueden relacionar causalmente. Los de distancia negativa, por ejemplo, los que ocurren en el mismo instante, pero en lugares distintos, no pueden ser relacionados por fenómenos causales. Esto es el principio de causalidad relativista: las causas no pueden propagarse más rápidamente que la luz.

—llamados observadores inerciales—, esto es, aquellos para los que toda aceleración es causada por una fuerza real.[33] En el espacio de Minkowski, la simetría que pasa de un observador inercial a otro se llama **transformación de Lorentz**, y esta distancia —igual que las leyes de la física— es invariante bajo ella.

Hermann Minkowski (1864-1909) fue profesor de Einstein[34] en Zúrich, pero fue también profesor en Königsberg y Gotinga, donde murió. Hilbert escribió un obituario que es un precioso canto a la amistad incondicional entre estos dos grandes matemáticos, que ya empezó en sus años de estudios. Minkowski basó su trabajo en importantes contribuciones de Henri Poincaré y de Hendrik Lorentz (1853-1928, PN 1902).

Con estas bases llega Einstein a su **teoría de la relatividad especial**, basada en la **constancia de la velocidad de la luz**, una cinemática que entrelaza espacio y tiempo teniendo, de esta forma, consecuencias radicales tanto para el espacio como para el tiempo. Quizás la consecuencia más fácil de entender sea la de la **dilatación del tiempo**, que afirma que el ritmo del reloj de un astronauta que se desplaza a una velocidad v, observado desde la Tierra, es menor que el ritmo del reloj terrestre, según un factor[35]

---

33. Como la Tierra gira alrededor de su eje polar, nosotros solo somos de forma aproximada observadores inerciales, puesto que hay fuerzas, como la de Coriolis, bien conocida por los navegantes y los meteorólogos cuando hablan de ciclones y anticiclones, que no son reales, sino inerciales.

34. Consideraba a Einstein un estudiante más bien perezoso. Más tarde fue capaz de reformular la teoría de la relatividad especial de forma que fuera más comprensible y elegante matemáticamente.

35. Einstein dedujo este factor, como puede reproducir el lector interesado —solo utilizando trigonometría elemental— con la ayuda de un rayo de luz que oscila entre dos espejos paralelos, reflejándose en ellos, y que están en reposo o moviéndose relativamente.

$$\sqrt{(1 - v^2/c^2)} \quad (3.1),$$

siendo el símbolo $\sqrt{}$ la raíz cuadrada de lo que sigue. A medida que la velocidad es mayor, mayor es la ralentización, hasta que, si en lugar de un astronauta que viaja es un fotón el que lo hace, que necesariamente va a la máxima velocidad posible, $v = c$, ese ritmo se anula y el paso del tiempo se para,[36] tal y como se observa desde la Tierra.

Existen partículas inestables, llamadas muones, una especie de electrones pesados, que los rayos cósmicos producen en las capas altas de la atmósfera, en la estratosfera, y que por la velocidad que tienen nunca llegarían a la superficie terrestre, pues se habrían desintegrado antes, si no fuese porque el tiempo para esas partículas transcurre más lentamente.

Son fenómenos sorprendentes, aparentemente paradójicos, pero reales y que son obviamente válidos también para la biología: si se me pudiese enviar al agujero negro que ocupa el centro de nuestra galaxia, a unos 26 000 años luz[37] de distancia, a una velocidad muy cercana a la de la luz, llegaría sin duda con vida, ya que no necesitaría unos 30 000 años, sino solo unos pocos años según mi reloj, pero los observadores terrestres no lo verían, puesto que ellos sí que tendrían que observarme durante 30 000 años. Pero ¿cómo lo observaría yo, sentado en mi cápsula, yendo a una velocidad cercana a la de la luz y con un reloj absolutamente normal, que me

---

36. Esta frase refleja lo difícil que es hablar del tiempo sin utilizar conceptos relacionados, precisamente, con el tiempo. Sobre el tiempo se ha escrito muchísimo, desde que disponemos de documentos escritos comprensibles.

37. El año luz es la distancia que recorre la luz en un año, es decir 300 000 km/s por 30 millones de segundos, es decir 9 billones de km.

indicase mi tiempo propio? Pues observaría que la distancia al centro de la galaxia se ha contraído, con el mismo factor (3.1), lo que me permitiría llegar con vida. Este efecto se llama **contracción de Lorentz**. Tanto Lorentz como Poincaré estuvieron cerca de tener la visión de Einstein, pero en ciencia, igual que en los deportes, estar cerca de ser el primero no es lo mismo que serlo.

Así, y para poner un ejemplo más cercano y preciso, los cosmonautas que pasan 6 meses en la Estación Espacial Internacional, que orbita a 400 km de altura, ganarían 20 milisegundos de vida comparada con la nuestra (aunque habrían perdido muchísimos más por la radiación recibida y las consecuencias morbíficas de la ingravidez). La **paradoja de los gemelos** no es tal, es un hecho: el que se desplaza a una cierta velocidad, cuando vuelve, es más joven que su hermano. Recuérdese que la paradoja venía de tomar el punto de vista del que se mueve, ya que, como el movimiento es relativo, está en reposo en su sistema de referencia, y entonces sería el otro, que estaba en reposo pero que ahora se mueve, el que sería más joven. Pero no hay simetría, ya que uno de ellos debe revertir su movimiento para volver, por lo que deja de ser un observador inercial, mientras que el otro no se mueve, y por ello siempre es inercial. Cuando la paradoja se presenta con movimientos totalmente simétricos —dos norias sincronizadas que giran en sentidos contrarios—, desaparece tal situación de asimetría, es decir, ambos gemelos envejecen igualmente.

La **simultaneidad también es un concepto relativo** y depende del movimiento de los observadores. Consideremos un experimentador en el centro de un vagón en movimiento, y en los dos extremos del vagón sendos relojes atómicos a la misma distancia del experimentador. El experimentador envía sendas señales luminosas simultáneamente a los dos relojes, que llegan a estos también simultáneamente, sincronizándolos. Desde la estación, otro experimentador observa algo muy distinto: la señal luminosa que se propaga hacia el reloj que está en la dirección del sentido del movimiento del tren, puesto que este reloj se aleja mientras viaja la señal, necesita más tiempo en llegar a él que la otra. Ambos sucesos ya no son simultáneos. En la física newtoniana estos sucesos siempre son simultáneos, o porque se creía que la luz se propagaba instantáneamente, o porque —cuando el astrónomo danés Ole Rømer la midió y vio que la velocidad es finita— a esta velocidad se suma la velocidad de la fuente en el tren, por lo que de nuevo ambas señales llegan simultáneamente, también para el experimentador en la estación. En el año 1905, lo primero ya se sabía que era falso; lo segundo contradice la constancia absoluta de la velocidad de la luz, la idea central de Einstein, por lo que también es falso.

Por otro lado, el «presente», tan fugaz, según el poeta, es un concepto de nuestra mente, no de la física, algo que hizo reflexionar a Einstein.

En esta nueva teoría, dos velocidades v_1 y v_2 se suman según la fórmula:

$$v = (v_1 + v_2)/(1 + v_1 v_2/c^2) \quad (3.2),$$

que, para velocidades pequeñas comparadas con c, da el resultado que todos conocemos, $v = v_1 + v_2$. Pero, cuando una de las velocidades es c, da v = c, es decir, que la velocidad de la luz no cambia cuando se la observa en movimiento, no depende del observador. Este es el fenómeno crucial que da lugar a la teoría de la relatividad especial.

El espacio y tiempo de Newton difieren del espacio-tiempo de Minkowski, sobre el que se construye la relatividad especial, pero son un caso particular de este último para velocidades pequeñas comparadas a la de la luz. De hecho, la física newtoniana, la clásica, emerge de la einsteiniana cuando la velocidad de la luz se hace infinita. Por lo contrario, las ecuaciones del electromagnetismo de Maxwell resultaron ser relativistas, es decir, invariantes bajo transformaciones de Lorentz, y su formulación más sencilla y elegante es precisamente la construida en el espacio-tiempo de Minkowski.

La acción causal no puede propagarse a una velocidad superior a la de la luz. La acción a distancia no existe; los campos gravitatorios, los eléctricos y los magnéticos se propagan todos a la velocidad de la luz. Si el Sol explotara ahora, en vez de dentro de unos miles de millones de años, que es cuando lo hará, solo empezaría a destruir toda vida en la Tierra ocho minutos más tarde, el tiempo que necesita la radiación resultante de la explosión en recorrer los 150 millones de km que nos separan del Sol.

Estos tres trabajos, la realidad de los átomos, la realidad de los fotones y la relatividad del tiempo y del espacio, de contenido también filosófico los tres, se publicaron en el año 1905, en alemán, y en el mismo volumen número 17 de los *Annalen der Physik,* a la sazón la revista de física más prestigiosa y que dirigía Max Planck. Tener un ejemplar original de este volumen es, para un físico, un privilegio.

Pero Einstein aún no había acabado de asombrar en ese año. ¿Cómo es que no se puede acelerar una partícula hasta que alcance y supere la velocidad de la luz? ¿Cómo es que, con una fuerza constante, cuando la velocidad es elevada, cada vez se acelera menos? La fuerza constante, según la segunda ley de Newton, $F = ma$, produce una aceleración constante, y así incrementa la velocidad de forma proporcional, independientemente de lo que valga esta. Y aquí está el problema, puesto que la velocidad debería crecer sin límite. Einstein cortó tal nudo gordiano haciendo depender la masa de la velocidad, siendo la relación entre la masa en reposo o propia, m, y la masa relativista, m_{rel}, es decir en movimiento, de nuevo el factor mostrado en (3.1). Así, al aumentar la velocidad, la masa relativista también crece, permitiendo que —al aplicar una fuerza— lo haga en menor medida la velocidad, que de este modo solo se acerca asintóticamente a la velocidad de la luz, al hacerse la masa relativista infinita. En otras palabras, la inercia, la resistencia a la aceleración, que es lo que significa la masa, aumenta con la velocidad. Pero esto quiere decir que la energía que la fuerza causante de la aceleración transfiere a la partícula en parte se transforma en masa, acelerándola de esto modo menos. Así se llega a la **equivalencia de masa y energía**, la ecuación más famosa de toda la física, la **fórmula de Einstein**,

$$E = m\,c^2 \quad (3.3),$$

a la que Einstein llegó siguiendo otro razonamiento y diciendo «la masa de un cuerpo es una medida de su contenido energético», y a la que volvió frecuentemente a lo largo de su vida. Si en (3.3) sustituimos m por m_{rel} obtenemos la energía total, es decir, la contenida en la masa propia, en reposo, y la de la energía cinética debida al movimiento. Algo más tarde Einstein afirmó que «la ley de conservación de la masa es un caso particular (y aproximado) de la ley de conservación de la energía».

Einstein era muy consciente del problema del origen de la energía de los rayos de Becquerel estudiados por Madame Curie. Planck fue el primero en relacionar esta fórmula (3.3) con la **energía de ligadura** de un sistema compuesto,[38] a partir de la diferencia

---

38.   La energía que hay que darle al sistema compuesto para que se escinda en sus partes.

Albert y Elsa Einstein llegando
a Nueva York, 1921.

de la suma de las masas de los constituyentes de un sistema compuesto y la masa de este último. Planck también fue el primero en escribirle, algo que llenó de alegría a Einstein —entonces un *amateur* totalmente desconocido—, dado el inmenso prestigio de Planck. Después de estos trabajos, Einstein empezó a ser conocido en el círculo de los físicos, primero lentamente, dado el carácter revolucionario de dichos trabajos, pero después ya más rápidamente.

En el año 1909 fue nombrado profesor extraordinario en la Universidad de Zúrich, tras la renuncia de Friedrich Adler, su amigo, para el que había sido creada la plaza, quien de forma persuasiva y generosa pudo convencer a las autoridades académicas de que entre Einstein y él mediaba un abismo. En ese mismo año Einstein conoció personalmente a Planck, con quien le unió una amistad incondicional, a pesar de lo distintos que eran, hasta el fallecimiento de Planck, dos guerras mundiales más tarde.

Hoy en día sabemos que la ley de la conservación de la masa es falsa —basta recordar las bombas nucleares—, pero la de la energía es cierta. En contrapartida, sabemos definir con precisión la masa, las dos, la inercial y la gravitacional, como veremos más adelante, pero no la energía.

Einstein fue un maestro de los *Gedankenexperimente,* capaz de imaginar, con sus *experimentos mentales*, situaciones físicas sencillas en las que solo aparecía lo esencial conocido, para descubrir lo esencial desconocido. La cita escogida para encabezar este capítulo refleja muy bien cómo sabía *perder* el tiempo, creando las bases de su creatividad. En esto destacó, ya a sus 25 años, por encima de todos los demás genios.

El apéndice A contiene varias fórmulas, todas sencillas, que permitirán al lector reproducir varias de las afirmaciones que se harán a lo largo del libro. El apéndice B permitirá resolver dudas a lo largo de la lectura, y podrá ser útil para comprobar la corrección dimensional de todas las fórmulas que aparecen en el texto. Feynman insistió en que, si no se reproducen y comprueban los resultados personalmente —«a la manera de cada cual»—, no se llegan a entender realmente.

4

Dos gigantes explorando los átomos:
Rutherford y el núcleo,
Bohr y la cuantización atómica (1913-1916)

«Toda ciencia es física, o, si no, colección de sellos». (E. RUTHERFORD)

*«Todo lo que consideramos real está hecho
de cosas que no pueden considerarse reales»*. (N. BOHR)

Ernest Rutherford, a quien ya encontramos en el capítulo 1, nació en Nueva Zelanda y estudió en Cambridge, Inglaterra. Estando en Mánchester y bajo su dirección, Hans Geiger y Ernest Marsden realizaron una serie de experimentos en los que hacían incidir un haz de partículas α sobre una fina capa de oro. Observaron unas pocas partículas α que rebotaban, una de cada 10 000, que no atravesaban la capa de oro, algo muy sorprendente, dada la energía de los proyectiles, y desde la perspectiva de las ideas que tenían sobre lo que era un átomo. Rutherford supo interpretarlo correctamente como evidencia de que casi toda la masa de un átomo estaba concentrada en un **núcleo atómico** eléctricamente cargado, 100 000 veces más pequeño que el átomo, en dimensiones lineales. Por ello, este debía considerarse *casi* vacío. Solo aquellos pocos proyectiles que pasaban muy cerca del núcleo se desviaban fuertemente de su trayectoria incidente, debido a la repulsión coulombiana entre la carga positiva del proyectil y la carga positiva del núcleo (véase la ley de Coulomb en B.1, multiplicada por 2 y 79, que son los valores de la carga del núcleo de helio y de oro respectivamente), de manera no demasiado distinta a como lo haría una pelota de ping-pong lanzada contra una de petanca, puesto que el núcleo del oro es muchísimo más masivo que el del proyectil. Así *nació* el núcleo atómico en el año 1911, por el que Rutherford, que ya había recibido un Premio Nobel de Química, no recibió también el de Física, que hubiese sido muy merecido. Un año más tarde Bohr lo visitó en Mánchester. Fue en esta época cuando afirmó: «El átomo debe contener un núcleo muy cargado».

Rutherford también demostró experimentalmente, unos años más tarde, que el núcleo del átomo de hidrógeno era constituyente de todos los otros núcleos de los elementos químicos, todos ellos más pesados. Posteriormente se denominó a este núcleo elemental **protón**, por lo que Rutherford puede ser considerado también el descubridor del protón. La carga del protón resultó ser exactamente la opuesta a la del electrón, asegurando así la neutralidad eléctrica de los átomos. Del neutrón, la otra partícula constituyente de los núcleos atómicos, no se sabía casi nada en aquellos años, aunque Rutherford había postulado su existencia en 1920. Solo en el año 1932, James Chadwick (1891-1974, PN 1935) descubrió el **neutrón**, ligeramente más pesado que el protón y, como se supo posteriormente, inestable, puesto que se desintegraba tras una vida media de unos 15 minutos. Recibió el Premio Nobel poco después por este descubrimiento.

Obvia y definitivamente el átomo había dejado de ser, etimológicamente, el átomo de Demócrito, ya que contenía partes, y por ello tenía estructura, por lo que no era elemental. El núcleo tampoco era elemental, ya que estaba formado por protones y neutrones. Esta pérdida del carácter elemental ocurriría varias veces más, como veremos. De las partículas consideradas hasta aquí, solo el electrón, el muon y el fotón son elementales, sin estructura interna. Nótese que elemental y estable no son sinónimos: el muon es inestable y el protón es estable; solo el electrón y el fotón son elementales y estables.

La densidad de los núcleos es del orden de mil billones de veces mayor que la de los átomos, siendo esta última la de la materia que conocemos, la de la Tierra y la de nuestro cuerpo. Solo conocemos un objeto más denso que los núcleos atómicos: las estrellas de neutrones, cuya existencia fue predicha por Baade y Zwicky justo después del descubrimiento del neutrón. Estas estrellas de neutrones tienen una masa ligeramente superior a la del Sol, pero un radio de solo unos 10 km, por lo que la relación es la misma que la del tamaño de un átomo con respecto a su núcleo, ya que el radio del Sol es de unos 700 000 km. La increíble presión debida a la atracción gravitacional en estas estrellas hace que los neutrones estén aún más comprimidos de lo que lo están los protones y los neutrones en los núcleos atómicos. Volveremos a estos objetos estelares, núcleos gigantescos formados solo por neutrones, que en su momento depararon muchas sorpresas.

Niels Bohr (1885-1962, PN 1922) nació en Copenhague. Con Rutherford empezó a elaborar un modelo atómico basado en electrones circulando alrededor del pequeñísimo núcleo, en número suficiente para compensar la carga positiva de este, asegurando así que el átomo sea eléctricamente neutro. Cuando Bohr volvió a Copenhague, donde pasó prácticamente toda su vida con su familia, muy unida, dio el paso decisivo, el tercero de la cuantización, tan extraño como los dos anteriores de Planck y Einstein: supuso que los electrones daban vueltas al núcleo, pero solo en ciertas órbitas circulares, aquellas en las que la energía —o, con más precisión, el momento angular del electrón— estaba cuantizada. Reprodujo la idea de un microscópico sistema solar con determinadas órbitas discretas. Recordemos aquí que durante muchos años también se intentó entender el porqué del tamaño de las órbitas de los planetas alrededor del Sol, incluso basándose en propiedades de los cinco sólidos platónicos.[39] Supuso, además, que la órbita más cercana al núcleo era estable, estacionaria, algo que contradecía descaradamente la física clásica, ya que, por hipótesis, no emitiría radiación electromagnética, como le correspondería a una partícula cargada en rotación, y por ello acelerada. Supuso finalmente que los electrones en las otras órbitas podían *saltar* a las que eran más cercanas al núcleo, emitiendo luz, pudiendo explicar así —al menos parcialmente y por primera vez— los espectros con líneas de las emisiones de radiación electromagnética de átomos excitados. Bohr consideraba esta idea válida también para moléculas y para átomos y moléculas ionizados, es decir, que tenían uno o varios electrones de más o de menos, quedando así eléctricamente cargados.

La relación de la estructura atómica con los espectros de emisión y absorción de los átomos flotaba en el ambiente. La fórmula de Balmer —profesor de Matemáticas en una escuela suiza— para el hidrógeno atómico, que afirmaba que la frecuencia ν de estas líneas espectrales era proporcional a

$$(1/a^2 - 1/b^2), \text{ siendo } b > a \text{ números enteros} \quad (4.1),$$

---

39. Tetraedro, cubo, octaedro, dodecaedro e icosaedro. Johannes Kepler intentó entender los tamaños de las órbitas de los cinco planetas conocidos a la sazón, los cuatro rocosos, Mercurio, Venus, la Tierra y Marte, y el mayor y más cercano de los gaseosos, Júpiter, colocando de forma astuta los sólidos platónicos dentro de esferas. Le salió relativamente bien, aun siendo una idea carente de toda base científica.

explicaba muy bien una gran parte del espectro, y así se empezó a entender que los espectros en líneas eran una caracterización muy precisa de cada tipo de átomos, es decir, de cada elemento químico, como el ADN lo es de cada especie viva. Estas líneas espectrales son distintas de los espectros continuos —como el del arcoíris, como el del cuerpo negro—, que se deben al movimiento térmico de los átomos, no a su estructura. Así se descubrió el helio en las líneas del espectro de la luz solar, que no correspondían a ningún elemento conocido en la Tierra. Su denominación nos lo recuerda, puesto que *helios* significa sol en griego.

Según el **átomo de Bohr**, a la frecuencia de estas líneas correspondía una energía de un cuanto dado por la fórmula (2.3), y que era justo la diferencia de las energías del electrón en las órbitas inicial y final. Estos trabajos ocuparon a Bohr a partir de 1913 y durante varios años, explicando bien la fórmula de Balmer al introducir un número cuántico, n = 1, 2, 3..., llamado principal, relacionado con el tamaño de las órbitas circulares; de hecho, con

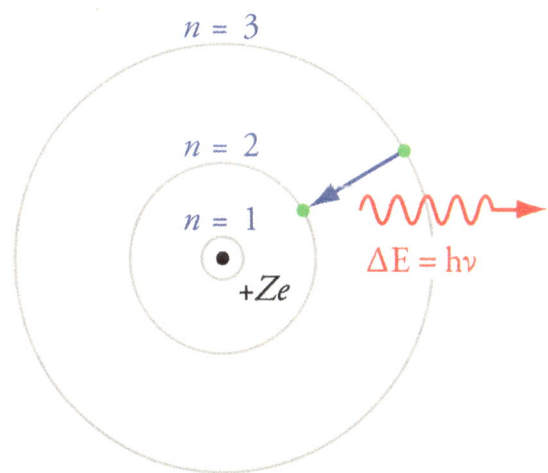

Modelo atómico de Bohr.

su momento angular. Con esto, al menos el átomo más sencillo, el de hidrógeno —formado solo por un protón y un electrón— se entendía bastante bien, determinando, además, su tamaño y su energía de ionización con una precisión aceptable. El radio de la órbita circular resultó ser proporcional a n^2.

Pero cada línea del espectro del hidrógeno observada con gran resolución resultó ser un conjunto de líneas. Arnold Sommerfeld (1868-1951), nacido, como tantos otros científicos, en Königsberg, ya intentó explicarlas en el año 1914, y para ello introdujo una constante adimensional,[40] una de las más importantes de la física, que jugará un papel fundamental en nuestra comprensión de la naturaleza, llamada la **constante de estructura fina**[41]

$$\alpha = 2\pi e^2/hc \quad (4.2),$$

donde «e» es la carga del protón, es decir la del electrón sin el signo negativo,[42] y cuyo valor numérico es aproximadamente 1/137.

---

40. Las constantes adimensionales son más significativas que las que tienen dimensiones, ya que su valor no depende de las unidades, de los patrones utilizados, como le ocurre, por ejemplo, a la velocidad de la luz, que, en unidades de años luz por año, ¡es 1! Muchos consideran esta la más importante de todas las adimensionales.

41. Para algunos, constante de Sommerfeld. No se debe confundir con los rayos α. Sommerfeld ha sido hasta el día de hoy el físico más veces propuesto, sin éxito, para el Premio Nobel. Fue en Múnich un maestro de muchos premios Nobel, y tuvo, sin duda alguna, el nivel de un Nobel.

42. El signo de las cargas eléctricas es una convención: una vez decidido que la del electrón es negativa, todas las demás están determinadas por experimentación y observación. Las cargas están cuantizadas, todas las que observamos son múltiplos de e, pero la realidad es algo más compleja, como veremos en el capítulo 10. Esta cuantización es anterior a la de Planck, e independiente de ella. Dirac demostró que, si existían monopolos (es decir, cargas) magnéticos, la carga eléctrica debía estar cuantizada, pero nunca se ha observado un monopolo magnético.

Las cuatro líneas visibles del espectro de emisión de hidrógeno
en la serie de Balmer.

Nótese la presencia de c, la velocidad de la luz, en esta constante, que así presagia la primera unión de la relatividad especial con las aún primitivas ideas cuánticas de la época. Efectivamente, Sommerfeld, calculando correcciones relativistas —lógicas, dadas las velocidades del electrón en el átomo de hidrógeno en las órbitas elípticas que él había introducido,[43] del orden de αc—, llega a una generalización de la fórmula de Balmer con unas correcciones proporcionales a α^2 (como sugiere (3.1) al lector curioso y hábil matemáticamente). Para $v=\alpha c$ la longitud de onda de De Broglie es $\lambda_B = h/m\alpha c$, y el tamaño del átomo viene dado por $\lambda_B/2\pi$, que recibe el nombre **radio de Bohr**.

Las órbitas elípticas llevaron a la introducción de otro número cuántico, de hecho, dos, relacionados con la excentricidad y la orientación de la órbita. Tanto Einstein como Bohr se emocionaron mucho con el resultado de Sommerfeld, posiblemente indujo a ambos a intuir vagamente las revoluciones que vendrían en los siguientes años, hasta la formulación final de la electrodinámica cuántica, treinta años más tarde.

Sin embargo, las fórmulas de Bohr y Sommerfeld no explicaban los espectros de emisión de otros átomos, ni siquiera los del segundo átomo más sencillo, el del helio. Estamos pues a medio camino entre 1900, año de la hipótesis de Planck, y 1925, año del

43. Kepler, tres siglos antes, hizo lo mismo al introducir la excentricidad de las órbitas de los planetas.

comienzo de la mecánica cuántica, es decir, de la teoría cuántica en su forma definitiva, la culminación de la revolución cuántica. Esta construcción final vino de la mano de un grupo de jóvenes, y de uno menos joven. Pronto lo veremos.

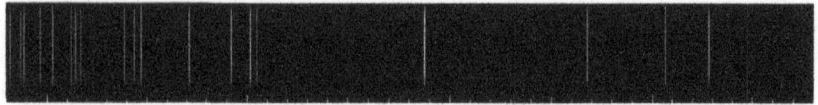

Espectro de emisión simulado del helio neutro basado en datos de la Base de Datos de Espectros Atómicos del Instituto Nacional de Estándares y Tecnología (NIST ASD).

Los problemas restantes de la estructura fina y los del helio tuvieron que esperar para su solución al descubrimiento del **espín**, por Uhlenbeck y Goudsmit —ambos discípulos de Paul Ehrenfest, uno de los más íntimos amigos de Einstein— en el año 1925, sugerido —quizás antes— por Pauli, y a la introducción del número cuántico asociado, cuyo efecto es duplicar los estados posibles. Todo ello llevó a entender bien la **tabla periódica de Mendeléiev** (véase imagen en el reverso de la portada), con sus periodos (filas) de 2, 8 (2+6), 8, 18 (2+6+10), 18, 32 (2+6+10+14) y 32 elementos, y así la constitución atómica de todos los elementos químicos. Los periodos están ordenados según el número cuántico principal máximo. La fundamentación de la química es una consecuencia de la física cuántica aplicada a los átomos mediante cuatro números cuánticos: el principal ($n=1, 2, 3...$), el orbital ($l=0..., n-1$) —asociado al momento angular—, el de su orientación ($m=-l...+l$) y el espín (dos componentes). Así, el neón tiene dos (por el espín) electrones en $n=1$, $l=0$, $m=0$, dos (por el espín) en $n=2$, $l=0$, $m=0$, y seis (3 por 2, por el espín) en $n=2$, $l=1$, correspondientes a $m=-1, 0, +1$: Ne, 2+2+6.

ОПЫТЪ СИСТЕМЫ ЭЛЕМЕНТОВЪ,

ОСНОВАННОЙ НА ИХЪ АТОМНОМЪ ВѢСѢ И ХИМИЧЕСКОМЪ СХОДСТВѢ.

```
                    Ti = 50    Zr = 90    ? = 180.
                    V = 51     Nb = 94    Ta = 182.
                    Cr = 52    Mo = 96    W = 186.
                    Mn = 55    Rh = 104,4 Pt = 197,4.
                    Fe = 56    Rn = 104,4 Ir = 198.
                 Ni = Co = 59  Pl = 106,6 O = 199.
        H = 1                  Cu = 63,4  Ag = 108   Hg = 200.
           Be = 9,4  Mg = 24   Zn = 65,2  Cd = 112
           B = 11    Al = 27,4  ? = 68    Ur = 116   Au = 197?
           C = 12    Si = 28    ? = 70    Sn = 118
           N = 14    P = 31     As = 75   Sb = 122   Bi = 210?
           O = 16    S = 32     Se = 79,4 Te = 128?
           F = 19    Cl = 35,6  Br = 80   I = 127
        Li = 7  Na = 23  K = 39   Rb = 85,4 Cs = 133  Tl = 204.
                    Ca = 40    Sr = 87,6  Ba = 137   Pb = 207.
                    ? = 45     Ce = 92
                   ?Er = 56    La = 94
                   ?Yt = 60    Di = 95
                   ?In = 75,6  Th = 118?
```

Д. Менделѣевъ

Primera tabla periódica de Mendeléiev en ruso, de 1869.

Cuando el orbital más externo está lleno, como para el neón (Ne, 2+2+6), se trata de los gases inertes, que prácticamente no reaccionan químicamente. Cuando está casi lleno, como para el oxígeno (O, 2+2+4 = Ne-2), atrae intensamente electrones para completarlo. Es oxidante, como lo es el cloro (Cl, 2+2+6+2+5 - Ne+7). Cuando está casi vacío, como para el sodio (Na, 2+2+6+1 = Ne+1), expulsa el electrón sobrante. Es reductor. Estas características explican las moléculas que forman, como la sal común o cloruro sódico, NaCl. A medio camino, como ocurre para el carbono (C, 2+2+2 = Ne-4 = He+4), aparece la mayor flexibilidad, la que dio lugar a la vida y a la inteligencia natural, basadas en el carbono. Así el carbono puro aparece en forma de grafito, diamante, grafeno (hojas de grafito, producidas con papel celo e identificadas por Geim y Novoselov, por lo que recibieron el Premio Nobel en el año 2010), nanotubos (grafeno enrollado) y fullereno (al que volveremos en el capítulo 6); son sus cinco alótropos (estructuras moleculares diferentes de un solo elemento químico). En cambio, el oxígeno solo tiene dos alótropos, las moléculas O_2, que necesitamos para vivir, y O_3, el ozono. En el mismo grupo (columnas de la tabla de Mendeléiev), justo debajo del carbono, está el silicio (Si, 2+2+6+2+2 = Ne+4), casi igual de flexible, y que da lugar a la inteligencia artificial y, probablemente, a la larga, dará lugar a la vida artificial robótica basada en él. Sus alótropos, el Si amorfo y cristalino, están omnipresentes en las tecnologías modernas.

Con el descubrimiento del núcleo y sus constituyentes vino el descubrimiento de las dos **fuerzas nucleares: la fuerte y la débil**, ambas de cortísimo alcance, del orden de las distancias nucleares,[44] y que permitieron explicar los rayos α y β de Becquerel y del matrimonio Curie. Ambas fuerzas solo se pueden entender dentro del marco de la física cuántica, de hecho, y todavía más, de la física cuántica relativista, puesto que su comprensión completa necesitaría lo que se llama la segunda cuantización, o sea, la construcción de las teorías cuánticas de campos.

Las interacciones nucleares fuertes son, dado su carácter dominantemente atractivo, las responsables de la **estabilidad nuclear**, es decir, las que contrarrestan la intensa repulsión coulombiana entre los protones. Esto es así hasta que, siendo de cortísimo alcance, ya no lo pueden hacer, porque la repulsión coulombiana, al aumentar el número de protones y siendo de largo alcance, acaba dominando, lo que ocurre cuando el nú-

---

44. Mil billones de veces más pequeñas que un metro. Esta distancia se llama un fermi o un femtometro (véase apéndice B, T.3). Corresponde al tamaño de un protón o neutrón.

mero de protones, Z, es 83.[45] En el año 1928, George Gamow (1904-1968), estando en Gotinga —conociendo así ya bien la mecánica cuántica—, explicó la desintegración nuclear por emisión de partículas α con el **efecto túnel** cuántico, como veremos más adelante. Estas fuerzas son las responsables principales de la **fisión y fusión nucleares**, procesos cuyas energías son cerca de un millón de veces superiores a las de los procesos atómicos —como las reacciones químicas y la emisión y absorción de ondas electromagnéticas por los átomos—, todos ellos debidos a las fuerzas electromagnéticas. Las fuerzas nucleares fuertes son unas 100 veces más intensas que las fuerzas electromagnéticas. Comprenderlas requirió aún otro medio siglo y necesitó de varias ideas revolucionarias.

Las interacciones nucleares débiles son las responsables de las **desintegraciones nucleares** mediante emisión de rayos β, es decir, de electrones que provienen del núcleo. La historia de los **rayos β** es larga y confusa, en gran medida porque parecía que violaba la conservación de la energía.[46] Sus problemas se empezaron a resolver cuando se entendió la desintegración del neutrón en un protón, un electrón y una nueva partícula,

$$n -> p \mid e \mid antineutrino \quad (4.3),$$

---

45. El plomo, Z = 82, es el último elemento con isótopos estables, aunque el tecnecio, Z = 43, y el prometio, Z = 61, anteriores en la tabla de Mendeléiev, no tienen isótopos estables conocidos y son artificiales. El uranio, Z = 92, es el último elemento que se encuentra en la naturaleza. Todos los demás, a partir de él, son artificiales.

46. Incluso Bohr estuvo dispuesto a abandonar la ley de conservación de la energía, olvidando o ignorando el teorema de Noether y lo que hubiese implicado para las leyes de la física en general.

la más conocida de las desintegraciones debidas a las fuerzas nucleares débiles. Los **neutrinos** habían sido postulados por el genial y temido Wolfgang Pauli (1900-1958, PN 1945) en una carta dirigida —con un exquisito sentido del humor— a los participantes de un congreso sobre fenómenos nucleares, en la que decía que no había podido acudir a la reunión porque se había comprometido a ir a un baile en Zúrich en el que su presencia era esencial. Quizás nunca la predicción de una partícula tan extraña y significativa como el neutrino no ha merecido una publicación en una revista científica, sino solo una carta de disculpas, aunque, eso sí, exquisitamente irónica. Murió de cáncer en Zúrich, en la habitación 137 del hospital, la inversa de la constante de estructura fina de Sommerfeld, quien había sido su maestro en Múnich, coincidencias encadenadas que Pauli interpretó como un mal presagio.[47] Las fuerzas nucleares débiles están relacionadas con las electromagnéticas, como veremos más adelante.

Fue Enrico Fermi (1901-1954, PN 1938), nacido en Roma,[48] quien más contribuyó a entender la desintegración (4.3), que es la responsable de los electrones de los rayos β. Nótese que es una desintegración en la que el electrón se crea, ya que, como veremos, no es un constituyente del neutrón. Fue uno de los pocos físicos aún capaces de ser teóricos y experimentales a la vez, y fue excelente en ambos ámbitos. Sentó las bases de la teoría de las

---

47. Pauli tuvo una relación intensísima, personal, durante casi 30 años, hasta su muerte, con el conocido psiquiatra Carl Jung, el padre del «inconsciente colectivo».

48. Probablemente el físico italiano más destacado después de Galileo. Algunos creen que Ettore Majorana podría haber estado a su nivel si no hubiera desaparecido misteriosamente viajando en barco de Palermo a Nápoles en el año 1938.

desintegraciones débiles, por lo que la constante que determina su intensidad se llama constante de Fermi. Escrita de forma adimensional, como es (4.2), es 1000 veces más pequeña que la de Sommerfeld, es decir, es 1000 veces más débil que la fuerza electromagnética.

También debemos a Fermi la introducción del diminutivo italiano de «neutrón», «neutrino», para esta partícula ligerísima —que Pauli había precipitadamente denominado neutrón—, al descubrirse este último como partícula muchísimo más masiva. Construyó en Chicago, en el año 1942, y en secreto, el primer reactor nuclear artificial basado en reacciones nucleares en cadena, autosostenidas,[49] contribución esencial para el proyecto Manhattan, cuya dirección científica llevaba J. Robert Oppenheimer.[50] Fermi fue el primero en entender la importancia de los neutrones lentos —de poca energía— en los procesos de captura nuclear. Fue un maestro de los cálculos de órdenes de magnitud hechos «en la solapa de un sobre», con rapidez, basándose frecuentemente en argumentos dimensionales. Así llegó también a la conclusión de que debería haber seres alienígenas inteligentes en bastantes lugares del Universo, y formuló la famosa pregunta,

---

49. En Oklo, Gabón, hay un reactor nuclear natural, detalladamente estudiado por científicos franceses.

50. El «equivalente» ruso de Oppenheimer, cuando este declaró sus dudas morales al ver lo que causaron las dos bombas lanzadas sobre Japón en agosto de 1945, fue Andréi Sájarov, que trabajó en la bomba nuclear soviética, pero que argumentó que el hecho de no haberse vuelto a utilizar bombas nucleares se debía precisamente al equilibrio disuasorio entre los EE. UU. y la Unión Soviética. Es perfectamente posible que así sea, pero es una argumentación *a posteriori*. Ulteriormente, fue disidente al comunismo y un gran activista en favor de la paz mundial, recibiendo el Premio Nobel de la Paz en el año 1975.

conocida como **paradoja de Fermi**: «¿Dónde están?». No recibió respuesta.[51]

Para acabar con Fermi, recordemos que el acelerador de protones más importante de los EE. UU. está en el Fermilab, cerca de Chicago.

Las fuerzas nucleares débiles y los neutrinos, que solo interaccionan débilmente, aún depararán muchas sorpresas a lo largo del siglo xx.

La **desintegración del neutrón**, de hecho, cualquier desintegración, es evidentemente un **proceso irreversible**, ya que hacer colisionar un protón, un electrón y un antineutrino para que den como producto final un neutrón es una reacción imposible. ¿Cómo es esta irreversibilidad posible, si las cuatro interacciones fundamentales son —salvo por un pequeño efecto irrelevante para este razonamiento, y al que volveremos— invariantes bajo inversión temporal, es decir, reversibles en el tiempo? Hay que entender que, al no ser la desintegración un proceso determinista, sino probabilístico, su estudio científico requiere estudiar muchas desintegraciones; requiere pues de estadística, por lo que se aplican las leyes de la termodinámica. Así, la entropía aumenta en una desintegración, ya que se pasa de una partícula a varias, por lo que hay muchísimas más configuraciones posibles. Un razonamiento similar, aunque algo más sutil, se aplica a aquellas colisiones en las que se producen más de dos partículas, que tampoco son procesos reversibles.

---

51. Quizás las especies inteligentes acaban generando tecnologías que ya no comprenden, ni controlan, y que contribuyen en última instancia a su desaparición. Un amigo me hizo notar que, si el intervalo de tecnología avanzada del *Homo sapiens* solo durase unos 200 años, y lo mismo ocurriese con el de los alienígenas, es muy probable que nunca los detectemos, igual que no observamos un eclipse si no estamos en el lugar adecuado en el momento preciso. Le comenté que en su honor llamaría a este intervalo «la ventana de Companys».

La desintegración del neutrón plantea inmediatamente otra pregunta: ¿por qué no se desintegran todos los neutrones nucleares? Pues porque las interacciones fuertes confinan los protones y los neutrones en el núcleo con una energía de ligadura, que es la diferencia de la suma de las masas de todos los protones y neutrones del núcleo, menos la masa de este, multiplicado todo por c^2, como dicta la fórmula (3.3). Y así, de forma efectiva, la masa de los constituyentes nucleares ha disminuido, y para los neutrones ya no es, generalmente, suficiente para que la desintegración (4.3) pueda tener lugar.

De las cuatro fuerzas de la naturaleza, la gravitacional es, en el microcosmos, muchísimo más débil que las otras tres, la electromagnética y las dos nucleares, fuerte y débil.

Comparando la atracción gravitatoria newtoniana de dos protones con la repulsión coulombiana de los mismos (véase B.1 y B.2), obtenemos

$$G\, m_p^2 /\, e^2 \approx 10^{-36} \quad (4.4),$$

número cuya pequeñez extrema, una parte en un trillón al cuadrado (véase apéndice B, T.3), lo hace incomprensible. Pero la fuerza gravitacional es siempre atractiva y de largo alcance —la única con estas dos características—, por lo que para un objeto como la Tierra domina sobre las demás fuerzas.

La cita de Rutherford al inicio del capítulo, sorprendente para un premio Nobel de Química, refleja la arrogancia de un científico creativo y original, algo bastante frecuente entre algunos físicos destacados, solo superada por la arrogancia de algunos matemáticos. La frase de Bohr, a su vez, ya presagia su lucha incesante por intentar dar un sentido mínimamente coherente a las ideas cuánticas, a las que él contribuyó sustancialmente: explican la realidad a partir de átomos, núcleos, protones, neutrones, fotones y neutrinos, todos ellos muy lejanos de nuestra percepción usual y de lo que entendemos por lo real.

De los científicos mencionados hasta aquí, muchos han tenido el honor de prestar su apellido a elementos químicos, todos ellos inestables y producidos artificialmente. Designando los elementos con el número de protones que tiene su núcleo, Z, estos son: Curie, $Z = 96$; Einstein, $Z = 99$; Fermi, $Z = 100$; Mendeléiev, $Z = 101$; Nobel, $Z = 102$; Rutherford, $Z = 104$; Bohr, $Z = 107$; Meitner, $Z = 109$; Roentgen, $Z = 111$ y Copérnico, $Z = 112$.

5

La gravitación de Einstein (1916): de la relatividad general al GPS

«Solo dos cosas son infinitas, el Universo y la estupidez humana, y tengo dudas sobre la primera». (A. Einstein)

Einstein se trasladó a Berlín en el año 1914, procedente de Zúrich, habiendo pasado también un año en Praga, y a finales del año 1915 presentó en la Academia de Ciencias prusiana su *opus magnum,* su teoría de la gravitación o **teoría de la relatividad general**, que se publicó en 1916. Este es un trabajo difícil de comparar con otros, ya que, si Einstein no lo hubiera imaginado, habría pasado mucho tiempo antes de que otro físico hubiese sido capaz de hacerlo. Fue un *tour de force* de un genio fuera de lo normal, y necesitó ocho años de trabajo y concentración intensos, siendo en gran parte el resultado de un esfuerzo solitario, aunque su formulación matemática se benefició de la ayuda de algunos de sus colegas.

Einstein sabía muy bien que la gravedad de Newton, en la que la fuerza actúa instantáneamente a cualquier distancia, no era compatible con su teoría de la relatividad especial. Este fue el problema que quiso resolver.

Hasta aquí el concepto de masa nos ha aparecido en dos contextos en principio muy distintos: como medida de la inercia, es decir de la resistencia a la aceleración, que es como aparece en la segunda ley de Newton, F = ma, siendo F la fuerza y a la aceleración; y como magnitud de la atracción gravitatoria entre dos objetos masivos, que es como aparece en la ley de la gravedad de Newton, (B.2). Nótese que ambas se designan con la misma letra, m, porque se sabía que, por alguna razón, resultaban ser la misma, $m_i = m_g$. Este fue el punto de partida de Einstein.

Así llegó a la conclusión de que una aceleración debida a la **inercia**, como la que notamos en el avión cuando acelera para despegar y que nos empuja contra el respaldo del asiento, no se puede distinguir de una aceleración gravitatoria, como la que notamos antes de que el avión acelere para despegar, cuando nuestro peso empuja contra el asiento, su base horizontal.[52] O, como se suele presentar, nada permite distinguir la aceleración —o la correspondiente fuerza de reacción— percibida por una persona en un ascensor sin visión externa, lejos de toda estrella o planeta, o sea sin atracción gravitatoria alguna, pero acelerando en la dirección del techo del ascensor, de la aceleración —o su correspondiente fuerza de reacción— percibida por la misma persona en el mismo ascensor, pero en reposo en la Tierra, debida a la atracción gravitatoria de esta. Un bello ejemplo de *Gedankenexperiment* a la manera de Einstein.

Esto lo llevó al **principio de equivalencia**: localmente es lo mismo estar en un sistema de referencia no inercial, es decir, acele-

_____

52. Lo que notamos es, de hecho, la fuerza de reacción a esta fuerza inercial, ejercida por el respaldo. La tercera ley de Newton afirma que a cada fuerza se opone una igual pero dirigida en sentido opuesto, llamada de reacción.

rado, que estar en un campo gravitatorio. Nada permite distinguir estas dos situaciones. Y Einstein fue capaz de extender esta equivalencia local a una global, haciendo del espacio-tiempo algo más complejo y variado que el de Minkowski. Así la gravitación acaba siendo equivalente a la geometría del espacio-tiempo, ahora llamada geometría riemanniana.

Einstein reconoció la influencia de Ernst Mach (1838-1916),[53] físico, filósofo y científico activo en diversos campos, en la génesis de su teoría, y, en particular, de su principio, el de Mach, que postula que la inercia de un cuerpo está determinada por la influencia gravitatoria de todos los demás cuerpos del Universo. Así, igual que cuando hacemos girar un cubo lleno de agua, la superficie de esta se comba y se levanta en el borde, Mach afirmaba que, si hiciésemos girar, en vez del cubo, todo el Universo con la misma velocidad angular alrededor del cubo, el agua se combaría exactamente de la misma forma. Se entiende por qué este principio hizo reflexionar a Einstein.

Para Newton la geometría del espacio era euclidiana, es decir, la suma de los ángulos de un triángulo da 180°. Esto se llama un espacio plano. Einstein necesita un espacio riemanniano, es decir, curvado, en el que la suma de los ángulos de un triángulo puede ser mayor que 180°, si es de curvatura positiva, o menor que 180°, si es de curvatura

---

53. Es popularmente conocido por el número de Mach, la relación entre la velocidad de un objeto y la del sonido en la atmósfera. Mach 1 es la barrera del sonido. Sus trabajos influyeron en la creación del famoso Círculo de Viena en el año 1924, que desapareció al ser asesinado en 1936 su fundador, el físico y filósofo Moritz Schlick. La escritora y empresaria Marilyn vos Savant (1946), nacida Marilyn Mach, la persona reputada por tener el coeficiente intelectual más alto de la historia, es una descendiente de Mach. Fue padrino de Wolfgang Pauli.

negativa.[54] Bernhard Riemann (1826-1866), que estudió y ejerció de profesor en Gotinga, fue uno de los más destacados matemáticos del siglo XIX. La conjetura de Riemann (sobre la distribución de los valores en los que una cierta función que él introdujo se anula) es parte del problema número 8 de Hilbert. Aviso al aficionado: el Instituto Clay ofrece un millón de dólares a la persona que la demuestre.

Así se llega a las **ecuaciones de la gravitación de Einstein**, **también llamadas de la relatividad general**, que en su forma matemáticamente más compacta se reducen a una sola, cuyo primer miembro es geométrico, relacionado con las curvaturas, y el segundo contiene la información sobre las densidades y flujos de energías y masas, multiplicado por una constante que es $8\pi G/c^4$, la **constante gravitacional de Einstein**. La energía y la masa determinan de esta forma las características geométricas de cada entorno, y el espacio-tiempo se transforma en dinámico, en objeto de estudio de la física. A su vez, el espacio-tiempo determina cómo la energía fluye y las masas se mueven. La causalidad va en ambos sentidos. Es una síntesis profundísima, con diversas consecuencias sorprendentes, como iremos viendo.

El valor extraordinariamente pequeño de esta constante de Einstein en cualquier sistema de unidades usual (salvo alguno

---

54. Un ejemplo bidimensional es la superficie de nuestra Tierra. Un triángulo formado por dos puntos cualesquiera en el ecuador, y el tercero en el polo norte, cuyos lados son dos segmentos de meridianos y un segmento del ecuador, tiene una suma de ángulos de dos veces 90° más el ángulo que forman los dos meridianos en el polo. Es así mayor que 180°. Nótese que se trata del polo geográfico, no del magnético, donde las líneas magnéticas emergentes de la Tierra son perpendiculares a la superficie terrestre, que está a una cierta distancia del polo geográfico y que se va desplazando erráticamente cada año. La silla hípica de montar es un ejemplo bidimensional de espacio de curvatura negativa, algo más difícil de visualizar.

utilizado solo por físicos teóricos) explica por qué la gravedad de Newton continúa siendo normalmente suficiente en casi todas las circunstancias de interés humano, o sea, cerca de la Tierra: da para el primer miembro de las ecuaciones de Einstein —el geométrico, que cuantifica las curvaturas—, un valor prácticamente nulo y, por lo tanto, el espacio-tiempo no tiene curvaturas de ningún tipo, y así es plano, como lo es el de Newton. Pero todo depende, como veremos ahora, de la precisión de nuestras observaciones.

El primer éxito de la nueva teoría fue su explicación precisa del **desplazamiento del perihelio del planeta Mercurio**, es decir, del punto más cercano al Sol de la órbita —llamado perihelio— de Mercurio alrededor del Sol, arrastrando toda la órbita en un movimiento de rotación alrededor del Sol. Esta órbita, que en principio es una elipse, pasa ahora a ser una elipse que va girando lentamente alrededor del Sol, dando una vuelta completa en muchos miles de años.[55] Desde el siglo XIX se conocía bien esta característica anómala de la órbita de Mercurio, debida, ante todo, a la atracción gravitatoria de Júpiter, y no se había encontrado una explicación cuantitativamente exacta en el marco de la gravedad newtoniana. Para Einstein, la explicación precisa del fenómeno fue la prueba necesaria y suficiente para estar convencido de la corrección de su teoría, que así englobaba y corregía, mejorándola, la teoría de la gravedad de Newton. Nunca más dudó de su teoría. Todo indica que fue el momento emocional más importante de la vida científica de Einstein.

Quizás más espectacular aún es la segunda gran prueba de la teoría: la **desviación de los rayos de la luz** provenientes de una estrella al pasar estos cerca del Sol. Fue una predicción que, a causa

---

55. Mientras que «el año» de Mercurio, el tiempo que necesita para dar una vuelta en la órbita elíptica, solo es de 88 días.

Un anillo de Einstein en forma de herradura desde el Hubble.

de la Primera Guerra Mundial, tuvo que esperar al año 1919 para ser verificada por el astrofísico Arthur Eddington (1882-1944). Para poder hacer la observación, Eddington tuvo que esperar a un eclipse solar, de forma que el Sol estuviese tapado por la Luna, y ver así la estrella ocultada por el Sol al torcerse la trayectoria de la luz estelar al pasar cerca del Sol.[56] La altamente improbable alineación Tierra-Luna-Sol-estrella le obligó a desplazarse en un día preciso a un lugar preciso en el golfo de Guinea en África Occidental. Fue una noticia mediática. Que Eddington, siendo británico, pudiese conseguir la financiación necesaria —y en este caso

56. Hoy en día hay bellas imágenes de este fenómeno en las que la estrella o la galaxia ocultas se ven como un halo luminoso alrededor del cuerpo estelar que las tapa, llamado anillo de Einstein.

importante— para comprobar una teoría de un físico alemán,[57] tras una guerra que había costado la vida a muchos millones de personas en ambos bandos, es algo que merece ser destacado e interpretado.[58]

Otra consecuencia, aunque esta ya descrita por Einstein hacia el año 1907, es el **desplazamiento gravitacional hacia el rojo**: la luz emitida en una zona de gravitación intensa —un pozo de energía gravitatoria— pierde energía al salir de esa zona de atracción gravitacional, y por ello su frecuencia disminuye. Si es luz azulada, se hace rojiza, si es luz roja, se hace infrarroja. Este fenómeno se interpreta igualmente como una **dilatación del tiempo** en la zona de gravitación intensa, fundamentalmente distinta de la que ya se conocía con la relatividad especial. Este desplazamiento gravitacional hacia el rojo jugará posteriormente, como veremos, un papel importante en el desarrollo de la cosmología y de la astrofísica, porque permite estimar masas de estrellas.

En el año 1917 Einstein aplicó sus ecuaciones al propio Universo, tal y como se entendía en esos años, es decir, estático en el tiempo y con una distribución de masa/energía homogénea y uniforme a grandes escalas en el espacio. Se encontró con dificultades para encontrar una solución estática, algo que le llevó a introducir,

---

57. Einstein era por entonces, por segunda vez y hasta 1933, de nacionalidad alemana.

58. Einstein visitó España, procedente de Palestina, en el año 1923, e impartió varias conferencias sobre relatividad en Barcelona, Madrid y Zaragoza. Hacerlo en francés no ayudó a la claridad de las exposiciones. En España probablemente solo unos pocos, como Esteve Terradas, Blas Cabrera y Julio Rey Pastor, conocían la relatividad en esos momentos. José Ortega y Gasset, con quien se entendía en alemán, lo acompañó a visitar Toledo, ciudad que, dada su historia judía, interesaba particularmente a Einstein.

a regañadientes,[59] un nuevo término muy sencillo en sus ecuaciones: la **constante cosmológica**, Λ. De hecho, la coherencia matemática de las ecuaciones solo permitía esta modificación, y ninguna otra. Como veremos, una docena de años más tarde, dio marcha atrás, eliminando la constante cosmológica, exclamando que «¡fue el error más grande de mi vida!». Pero quizás se equivocó de nuevo.

Tras haber así iniciado la cosmología relativista, esta fue estudiada, explorada y desarrollada en los siguientes años por matemáticos y físicos, como el holandés Willem de Sitter (1872-1934) y el ruso Alexandre Friedmann (1888-1925), quien fue el primero en descubrir en el año 1922 que las ecuaciones de Einstein permiten soluciones sencillas no estáticas, que pueden describir un **Universo en expansión** con una singularidad inicial, algo que Einstein, en ese momento, rechazó. En el año 1927 fue el religioso belga Georges Lemaître (1894-1966) quien elaboró la idea de un Universo en expansión, haciendo incluso las primeras estimaciones del cociente entre la velocidad de expansión y la distancia, posteriormente llamado **constante de Hubble**, a la que volveremos en el capítulo 11. También formuló y argumentó la hipótesis de un inicio temporal del Universo.

En el año 1916 Einstein publicó su primer artículo sobre **ondas gravitacionales**, pero contenía varios errores, que corrigió en una publicación en 1918. Su teoría era difícil ¡incluso para él! La idea de las ondas gravitacionales no era, en el fondo, revolucionaria, ya que las ecuaciones de Maxwell del electromagnetismo

---

59. Einstein creía que las ecuaciones más fundamentales de la naturaleza debían ser sencillas y, por ello, bellas. Estaba influido por el filósofo judeoholandés de origen portugués Baruch Spinoza, que vivió en el siglo XVII, quien interpretó lo sublime de la naturaleza como la esencia de Dios. Algunos científicos comulgan con esta interpretación.

también implican la existencia de ondas electromagnéticas,[60] algo verificado por Heinrich Hertz (1857-1894) al descubrir las ondas de radio.[61] Estas ondas gravitacionales deben propagarse a la velocidad de la luz y —esto sí es fundamentalmente nuevo— no son ondas que se propagan EN el espacio-tiempo, sino son ondas DEL espacio-tiempo: es el propio espacio-tiempo el que se ondula y vibra. Son rizos del espacio propagándose a la velocidad de la luz en el tiempo, o, en el lenguaje cuatridimensional, ondulaciones fijas del espacio-tiempo que percibimos como propagaciones en nuestro viaje personal a través del tiempo.

El principal desafío de su detección experimental proviene de la extrema debilidad de la fuerza gravitatoria, como vimos en (4.4). Sin embargo, la existencia de cuerpos estelares extremadamente masivos que sufren aceleraciones muy elevadas, como sistemas binarios de estrellas de neutrones o de agujeros negros —y que por ello emiten intensamente estas ondas—, permitió una verificación indirecta en el año 1974. Russell Hulse y Joseph Taylor detectaron un sistema binario de dos estrellas de neutrones que perdía energía exactamente tal y como las ecuaciones de Einstein lo predecían al generar ondas gravitacionales. Recibieron el Premio Nobel por este trabajo en el año 1993.

---

60. Hay, empero, una gran diferencia matemática entre las dos: las de Maxwell son lineales, es decir, fáciles de resolver; las de Einstein son no-lineales, difíciles de resolver. La no-linealidad es debida a que un campo gravitatorio contiene energía, por lo que genera más gravitación, que lo modifica, etc., en un eterno bucle que se retroalimenta. Hay otra diferencia: las de Einstein son autocontenidas, mientras que las de Maxwell se deben completar con la fuerza de Lorentz, que describe cómo los campos electromagnéticos actúan sobre las cargas.

61. La unidad de frecuencia es el hertz, hercio, Hz, un ciclo por segundo. Hertz, por cierto, fue el descubridor del efecto fotoeléctrico, que Einstein explicó. Explicación que mereció el Premio Nobel.

Imagen del LIGO Hanford Observatory.

La detección directa de ondas gravitacionales tuvo que esperar al año 2015, cuando una debilísima señal generada por la fusión de dos agujeros negros fue registrada por los **detectores LIGO (Laser Interferometer Gravitational-Wave Observatory)**, uno en el estado de Luisiana y el otro, suficientemente alejado, en el estado de Washington. Rainer Weiss, Kip Thorne y Barry Barish recibieron el Premio Nobel por este espectacular trabajo en el año 2017, ¡solo dos años más tarde! La tecnología desarrollada por la colaboración LIGO,[62] con ayuda importante de científicos de Reino Unido, Alemania, Italia y Australia, es de una precisión que la gran mayoría de los físicos consideraban inalcanzable. El instrumento consta de un láser cuyo haz se divide en dos haces perpendiculares entre ellos

---

62.   LIGO, junto con los tres premios Nobel, recibió el Premio Princesa de Asturias en el año 2017, meses antes que el Nobel.

y que se reflejan en sendos espejos a 4 km de distancia, para así interferir al volver al separador, que entonces los fusiona, formando un nuevo haz de laser resultante de este proceso.[63] Cuando la onda gravitacional proviene de la dirección que corresponde a uno de los brazos del haz dividido, modificará su longitud ligerísimamente, pero no modificará la del otro haz, el perpendicular. Esta diferencia se detecta en el haz final, resultante de la interferencia de los dos haces reflejados. La precisión es tal que permite medir un desplazamiento del espejo reflectante de hasta una diezmilésima del tamaño de un protón. Simplemente inimaginable.

Recientemente, una colaboración estadounidense, europea y japonesa ha detectado las ondas gravitacionales emitidas por una colisión entre una estrella de neutrones y un objeto aún más masivo, pero todavía no identificado como agujero negro, a una distancia de unos 700 millones de años luz. La detección en tres lugares distantes en nuestro planeta permite, por triangulación,[64] la localización de la fuente de emisión en el espacio cósmico.

Esta imbricación de los avances científicos con los avances tecnológicos es cada vez más frecuente y se fortaleció mucho a lo largo del siglo XX. Aquellos que opinan que la investigación fundamental no proporciona un retorno adecuado a su inversión deberían de tener en cuenta que los progresos tecnológicos más espectaculares vienen precisamente de esta imbricación de la tecnología avanzada

---

63. Michelson y Morley habían utilizado 130 años antes un instrumento basado en los mismos principios para mostrar la independencia de la velocidad de la luz respecto al movimiento del observador (capítulo 1).

64. Debería llamarse trilateración: el método análogo en dos dimensiones es el que permite localizar cualquier punto de la Tierra dando las distancias a dos puntos, por ejemplo, al Polo Norte y al Chimborazo, montaña muy cercana al ecuador, y añadiendo un bit de información, correspondiente a estar al este o al oeste del Chimborazo.

con la investigación fundamental, la considerada «inútil», como iremos viendo repetidamente.

Karl Schwarzschild (1873-1916) fue profesor en Gotinga, donde colaboró con Hilbert y Minkowski. Estuvo en los frentes belga y francés de la Primera Guerra Mundial, pero también en el ruso, donde enfermó y fue repatriado a Gotinga en el año 1916. Falleció unos meses más tarde.[65] En esos meses resolvió las ecuaciones de Einstein para una masa esférica, M, introduciendo una distancia, que fue llamada **radio de Schwarzschild**, proporcional a M y dada por la fórmula

$$R_S = 2GM/c^2 \quad (5.1).$$

Con todo ello empieza la historia de los **agujeros negros**[66] en el marco de la relatividad general, ya que, si el radio de la masa esférica es menor que el de Schwarzschild, las partículas y la luz que lo atraviesan desde el exterior ya no pueden retornar, puesto que para ello necesitarían una velocidad superior a la de la luz. Esta frontera se la conoce con la poética expresión **horizonte de sucesos**. Einstein, como Eddington y muchos otros de los grandes físicos, era muy reacio a la idea de los agujeros negros, puesto que suponían límites a su teoría, allí donde esta se hacía singular; pero aún tuvo tiempo para escribirle una bonita felicitación a Schwarzschild por su hallazgo. La reacción predominante entre los físicos fue que esos

65. Su tumba en Gotinga está coronada por un curioso objeto estelar esférico.

66. La idea de objetos tan masivos que ni la luz pudiese escapar de su atracción gravitatoria ya fue considerada por Michell y, más tarde, por Laplace, en el siglo XVIII, en el ámbito de la física newtoniana. Pero solo en el marco de la relatividad general implica una singularidad del espacio-tiempo, es decir, un límite a la teoría.

agujeros negros eran el resultado de un precioso ejercicio matemático, pero que no existían en la realidad. Los genios originan grandes ideas, pero a veces se equivocan, como todos.

¿Sirven acaso para algo práctico las teorías relativistas de Einstein? Pues sí, pero nadie en su día pudo preverlo. A medida que las tecnologías se hacen más y más precisas necesitamos tener en cuenta los efectos relativistas sobre el espacio y el tiempo. Así, el **GPS (Global Positioning System)**, sistema norteamericano de posicionamiento por satélites, o el sistema equivalente europeo, llamado «Galileo», que será en breve totalmente operacional, permiten conocer en cada instante la localización con gran precisión, si se tienen en cuenta los efectos relativistas einsteinianos sobre el ritmo del tiempo.[67]

El GPS funciona con 24 satélites que orbitan la Tierra en seis trayectorias a 20 000 km de altitud, por lo que se desplazan a una velocidad superior a los geoestacionarios, que están a 36 000 km de altitud. Desde cualquier punto despejado de la Tierra se deben poder ver al menos cuatro satélites en cada momento. Cada uno está equipado con un reloj atómico, que mide el tiempo con gran precisión; actualmente algunos con un margen de error increíblemente minúsculo de una parte en 100 trillones. Cuando nuestro móvil detecta las señales de cuatro satélites, que contienen información sobre tiempos y localizaciones, los chips con los que está equipado permiten, por trilateración, conocer con precisión la localización tridimensional del móvil y el tiempo preciso en la localización del dispositivo. Pero resulta que para que realmente dé la localización correcta hay que corregir por los efectos relativistas —tanto el especial, como el general— que afectan el ritmo del paso del tiempo de los relojes

---

67. Utilizamos también el sistema ruso, GLONASS, y el chino, BeiDou.

atómicos. Recordemos que los satélites se desplazan a velocidades de varios miles de km/h, por lo que sus relojes se ralentizan (efecto de la relatividad especial), y están a mucha más distancia de la Tierra que nosotros, por lo que la fuerza gravitatoria para ellos es más débil y los relojes se aceleran (efecto de la relatividad general). La corrección cuantitativa exacta permite una precisión sorprendente, muy inferior a un metro —normalmente reservada a usos militares—, pero que en el futuro será necesaria para los vehículos autónomos y otras muchas aplicaciones tecnológicas que cambiarán nuestra vida.

Las ideas, los descubrimientos y los nuevos conocimientos científicos del siglo XX han cambiado el mundo profundísimamente, sin que apenas seamos conscientes de ello.

6

La dualidad onda-partícula de De Broglie, y el principio de exclusión de Pauli (1924-1925)

«Pauli ha escrito una excelente carta de recomendación sobre ti».
«¿Y qué ha dicho?». «Que no tiene nada que decir».
(Diálogo de dos distinguidos físicos, BETHE y WEISSKOPF)

En el año 1922 Arthur Compton (1892-1962, PN 1927) descubre que los cuantos de rayos X, cuando colisionan con electrones libres, aumentan su longitud de onda, y por ello (ver 2.2 y 2.3) pierden energía, que transfieren a los electrones. De esta forma la existencia del fotón como partícula de luz queda definitivamente establecida, ya que este proceso se entiende perfectamente como la colisión de dos partículas: el fotón y el electrón. Así, el carácter a la vez corpuscular y ondulatorio de las radiaciones electromagnéticas pasa a ser una de las caras de un hecho fundamental del nuevo mundo cuántico, la **dualidad onda-partícula**.

En su trabajo, Compton introduce una longitud de onda asociada a una partícula de masa m, en su caso la del electrón,

$$\lambda_C = h/mc \quad (6.1).$$

Esta **longitud de onda de Compton** representa la longitud de onda de un fotón cuya energía es igual a la de la masa de la partícula en cuestión, dada por (3.3). Para el electrón es una longitud que está a medio camino entre las distancias atómicas y las distancias nucleares.

Louis de Broglie (1892-1987, PN 1929), aristócrata francés, reflexionando sobre el significado de las ecuaciones (3.3) y (2.3), pasa de la masa de una partícula como el electrón a la energía, y de esta a la frecuencia, es decir, a una onda. Así postula en su tesis en el año 1924 que las partículas —igual que las ondas— pueden tener comportamiento de partícula o de onda, dependiendo del experimento y de la observación. La longitud de onda asociada a una partícula de masa m, gracias a esta dualidad, viene dada por la fórmula

$\lambda_B = h/p$, siendo $p = mv$ el momento lineal de la partícula   (6.2).

Se la llama en su honor la **longitud de onda de De Broglie**. Resulta que las reglas de cuantización de las órbitas circulares del electrón en el átomo de Bohr se pueden obtener también requiriendo que el perímetro de la órbita de radio r sea un múltiplo de la longitud de onda de De Broglie, $2\pi r = n \lambda_B$. De ahí, recordando que con el momento lineal p y el radio r se obtiene el momento angular, rp, resulta de (6.2) que este es igual a $nh/2\pi$, y así está cuantizado, siendo n = 1, 2, 3... el número cuántico principal (capítulo 4).

Con Louis de Broglie se llega a la dualidad onda-partícula completa, que, para algunos, como Feynman, contiene (casi) toda la revolución cuántica, cuando es analizada cuidadosamente desde diversos puntos de vista. Parece ser que Einstein tuvo que intervenir para que la tesis doctoral de De Broglie fuese admitida como tal. Una vez que su hipótesis fue verificada experimentalmente, cuando Davisson y Germer observaron fenómenos de interferencias de los electrones, característica exclusivamente ondulatoria, Louis de Broglie recibió el Premio Nobel por su trabajo de tesis. Clinton Davisson (1881-1958, PN 1937) también lo recibió, junto con G. P. Thomson (1992-1975, PN 1937), quien observó fenómenos de difracción de electrones, también exclusivamente ondulatorios, en el año 1937. Curiosamente G. P. Thomson era el hijo de J. J. Thomson (1856-1940, PN 1906); el padre había recibido el Premio Nobel por descubrir el electrón por sus características de partícula, y el hijo por descubrir las características ondulatorias de esos mismos electrones.[68]

Para entender este comportamiento dual del electrón no hay nada mejor que recordar el experimento de la doble rendija.[69] Se hace incidir un haz de electrones sobre una pantalla con dos rendijas horizontales paralelas, por las que pueden pasar los electrones. Al otro lado de la pantalla hay unos detectores de electrones. El resultado del experimento es el siguiente:

---

68. Hay más parejas de premios Nobel que comparten el 50 % de sus genes. Las más conocidas son las Curie, dos mujeres: Marie y su hija Irène Joliot-Curie recibieron el de Química; los Bragg, padre e hijo, que lo recibieron el mismo año, y los Bohr, Niels y Aage, que lo recibieron con un intervalo de más de 50 años.

69. Feynman lo cuenta de forma sublime en su volumen I, y lo repite en el III, de sus legendarias *Lecciones de física,* los tres grandes volúmenes rojos, posteriormente asociados a tres colores distintos por razones de conveniencia comunicativa. Cuando, siendo estudiante, yo viajaba por Europa, llevaba en mi mochila el tercer volumen. Hacia el final de su vida lo conocí personalmente, en un congreso en una isla del mar del Norte, Wangerooge.

- Se detectan electrones en lugares imposibles si pasaran por una de las dos rendijas.
- La distribución de los electrones detectados reproduce exactamente las figuras de interferencia[70] de unas ondas de longitud dada por (6.2) que acompañarían a los electrones y que, como tales ondas, pasan por ambas rendijas.
- No es un fenómeno estadístico, sino individual, ya que, si se disminuye la intensidad del haz hasta que solo haya en cada momento un solo electrón atravesando la pantalla, el resultado es el mismo. Es decir, un solo electrón *parece* pasar por las dos rendijas simultáneamente.
- Cuando se sitúa un láser cerca de cada rendija para observar por cuál de ellas pasa el electrón, efectivamente pasa o por una o por la otra, y el fenómeno de interferencias desaparece. El electrón ahora se comporta exclusivamente como una partícula.
- Pero si aumentamos la longitud de onda del láser para modificar en menor medida el estado del electrón, hasta que esta sea del orden de la distancia entre las dos rendijas, de forma que ya no sea capaz de determinar por cuál de las rendijas pasa el electrón, entonces pasa de nuevo por las dos y el fenómeno de interferencia reaparece.
- En resumen: el aparato de experimentación determina en cada momento de observación o detección el comportamiento ondulatorio o corpuscular del electrón.

Experimentos de este tipo se hicieron pronto con moléculas grandes, como C_{60}, el *fullereno* o «*buckyball*» (Buckminster Fuller

---

70. Figuras fáciles de observar al tirar dos piedras simultáneamente en lugares distintos, pero relativamente cercanos, de un estanque.

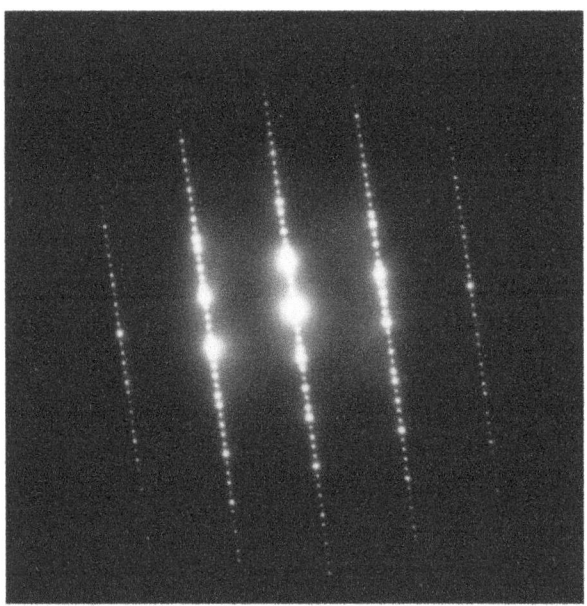

Patrón de difracción típico obtenido en un microscopio electrónico
por transmisión con un haz de electrones paralelo.

fue un extraordinario arquitecto estadounidense que construyó
una cúpula cuya forma recuerda a la de la molécula) o también
llamada *futboleno,* molécula formada por 60 átomos de carbono
ordenados como los vértices de una pelota de futbol, con sus
pentágonos y hexágonos como facetas. Hace unos años, gracias
a los avances tecnológicos, se hicieron los experimentos con moléculas de 2000 átomos y masa 25 000 veces la del protón. El
camino cuántico del microcosmos hacia objetos que podamos
ver los humanos no parece tener más impedimento que el de la
tecnología.

La propagación de la energía mediante ondas o partículas puede compararse a la transmisión de información de forma analógica y
digital, respectivamente.

Richard Feynman (1918-1988, PN 1965) desarrolló en su tesis doctoral, dirigida por John A. Wheeler —quien acuñó la expresión «agujero negro»—, un nuevo formalismo de la mecánica cuántica, inspirado en el experimento de las dos rendijas, llamado formalismo de las **integrales de camino**. En él, la probabilidad de ir de un punto a otro viene dada por una integral (suma) sobre todos los caminos que se puedan imaginar, de números complejos de la forma $e^{2\pi iA/h}$, llamados *fase*, siendo A una magnitud denominada *acción*, y que toma un valor determinado para cada camino entre los dos puntos. Nótese la presencia de la constante de Planck en el denominador del exponente, cuyas dimensiones son las mismas que las de A, es decir, energía multiplicada por tiempo (véase apéndice B, T.1 y T.2). Las trayectorias clásicas corresponden a máximos o mínimos de la acción A. En el mundo nanoscópico (normalmente denominado microscópico), de distancias atómicas, A no es muy distinto de h, y todas las trayectorias contribuyen de forma comparable. En el mundo mesoscópico (normalmente denominado macroscópico), de distancias humanas, A es increíblemente más grande que h, y las fases oscilan rapidísimamente al sumar sobre las trayectorias —cancelándose mutuamente—, y solo contribuyen a la integral las trayectorias clásicas, para las que, al ser máximos o mínimos, no oscilan. Así este formalismo permite entender cómo emerge el mundo clásico del cuántico, cuando h —la constante de Planck— se desprecia. Lo contrario no es posible, por lo que el mundo real parece ser el cuántico, y el clásico, su sombra, su proyección sobre una trayectoria. También se vislumbra con ello que la física cuántica debe ser mucho más compleja, ya que sumar las contribuciones de infinitas trayectorias es mucho más que tener en cuenta una sola trayectoria.

Wheeler fue, además, discípulo de Bohr y colega de Einstein en Princeton, por lo que no es de extrañar que continuase la tradición de los dos gigantes de hacerse preguntas tipo *Gedankenexperimente,* para explorar en profundidad todos los recovecos de la mecánica cuántica. Es famosa su propuesta de la elección diferida, en la que en el experimento de la doble rendija se tapa una de ellas DESPUÉS de que el electrón haya atravesado la pantalla, estando las dos abiertas. Preguntó: «¿Hay interferencia o no?». Su respuesta, como supongo hubiese sido la de Bohr o Heisenberg, fue: «No, puesto que es el montaje experimental final el que determina el resultado de la medida, y las trayectorias, no siendo observables, solo significan algo después de la medida». Nótese que esto tiene el tufo de la retrocausalidad, pero no es así. Esta incursión en el mundo de las sorpresas cuánticas solo quiere ser una advertencia para aquel lector que cree haber entendido *completamente* la mecánica cuántica.

Wolfgang Pauli, quien, con Goudsmit y Uhlenbeck, había introducido el **espín**, única magnitud exclusivamente cuántica que conocemos en el mundo atómico, propuso poco más tarde el **principio de exclusión, llamado de Pauli**: dos electrones no pueden ocupar el mismo estado cuántico. Este principio supone que nada los distingue, salvo el estado cuántico en el que se hallan. La formulación más matemática y generalizable del principio estipula que el estado que describe dos electrones debe ser antisimétrico, es decir, debe cambiar de signo al intercambiarse los dos electrones. Si estuviesen en el mismo estado, intercambiarlos no cambiaría nada, por lo que no podrían cambiar el signo. En consecuencia, no pueden estar en el mismo estado. Pauli fue un científico brillantísimo, se dice que el único del que Einstein temía las preguntas en sus conferencias, y que frecuentemente hacía notar su superioridad a los demás. El epígrafe de este capítulo así lo confirma.[71]

Pauli pronto generalizó su principio a todas las partículas de espín ½. Espín ½ quiere decir que solo hay pares de estados de espín distintos y perfectamente distinguibles por una observación: por ejemplo, espín «hacia arriba» y «hacia abajo», o «hacia la derecha» y «hacia la izquierda», o «hacia adelante» y «hacia atrás», o similarmente en cualquier otra dirección. Pero, como se ve, hay infinitos estados distintos, correspondientes a todas las direcciones, aunque, si no son opuestos, no se pueden distinguir perfectamente. Volveremos a esta sutileza cuántica, que no existe en el mundo clásico. De las partículas mencionadas hasta ahora tienen espín ½, además del electrón, el muon, el protón, el neutrón y los neutrinos.[72] Este principio ayudó a resolver una serie de problemas que aún impedían entender los niveles energéticos de los electrones en átomos de más de un electrón. Así, el átomo de helio tiene los dos electrones en la órbita de menor energía, que es circular, $n=1$, con espines opuestos. El átomo de litio tiene dos electrones como el de helio y el tercero en la segunda órbita circular, $n=2$. El de berilio añade su cuarto electrón a la segunda órbita circular, pero con el espín opuesto. El boro añade su quinto electrón a la primera de las tres órbitas direccionales, $n=2$, de momento angular (llamado orbital en el capítulo 4), $l=1$. Estos se acaban llenando con el carbono, el nitrógeno, el oxígeno, el flúor y el neón, que es, como el helio, un gas noble, es decir, con muy baja reactividad química. Así el mo-

---

71. Se cuenta que, cuando asistía a un seminario, solía dormirse rápidamente. Cuando lo acompañaba su perrito, este empezaba a mover la cola hacia el final del seminario, anunciando que su amo iba a despertarse. Y, cuando lo hacía, inmediatamente planteaba una cuestión pertinente y difícil.
72. No distinguiremos sistemáticamente entre neutrinos y antineutrinos.

delo atómico de Bohr junto con el principio de exclusión de Pauli explican la tabla periódica de Mendeléiev. Un éxito extraordinario de la aún joven, aún inmadura y aún incompleta física cuántica.

Pero no solo. El principio de exclusión también es la base de la explicación de la **impenetrabilidad de la materia**. Porque, si los átomos están prácticamente vacíos, ¿por qué no penetran unos en otros? ¿Por qué, cuando apoyo mi mano sobre la mesa, no se hunde en ella? Pues porque los electrones no pueden ocupar el mismo estado y esta característica nueva ejerce una fuerza de repulsión entre ellos cuando, ocupando estados similares (iguales, excepto la localización), los acerco. Esta fuerza es nueva, es puramente cuántica, y no se puede entender clásicamente. Se llama **fuerza de degeneración** y juega un papel importantísimo, no solo en la física, sino también en la astrofísica.

Enrico Fermi en 1943.

El principio de exclusión condujo a una nueva **estadística, cuántica, llamada de Fermi-Dirac**, por los físicos que la descubrieron y construyeron, basada en la **indistinguibilidad cuántica de las partículas idénticas**, que para esta estadística se caracteriza porque, al intercambiar cualesquiera dos partículas idénticas, el estado cambia de signo, es antisimétrico. El origen de esta indistinguibilidad se entendió cuando se introdujeron los campos cuantizados capaces de crear las partículas, ya que los campos son únicos, no son individuales, como las partículas.

Las estrellas no demasiado distintas de nuestro Sol, cuando han consumido todo el combustible nuclear inicial, es decir, cuando han transformado todo el hidrógeno en helio, implosionan al cesar la fusión nuclear, aumentando así la temperatura hasta que esta arranca la fusión del helio en carbono, expandiéndose de nuevo gracias a la energía generada y repitiendo el ciclo hasta generar el oxígeno. Estas estrellas pasan por fases de gran tamaño, llamadas «gigantes rojas». Cuando ya no pueden continuar por la vía de las fusiones nucleares colapsan en una **enana blanca**, estrella esta que se estabiliza por la fuerza de degeneración de los electrones del plasma de la misma. Acaban enfriándose y son muy densas, ya que su tamaño es parecido al de la Tierra, mientras que su masa es parecida a la del Sol. Están formadas dominantemente por carbono y oxígeno. Así acaban y acabarán muchas de las estrellas de nuestro Universo. Son estables si su masa no supera el límite de Chandrasekhar, 1,4 veces la masa del Sol. La longitud de onda de Compton del electrón da la distancia aproximada entre los electrones en la enana blanca.

La estabilidad de las **estrellas de neutrones**, destino alternativo de muchas estrellas, aquellas cuya masa es aún mayor, se debe también a la degeneración, esta vez a la de los neutrones. Las estrellas de neutrones se forman directamente, en el caso de estrellas con masas entre 10 y 25 masas solares, mediante una explosión de tipo **supernova**,[73] o a partir de las enanas blancas, cuando estas tienen o

---

73. Ocurre cuando la fusión nuclear llega al hierro, el elemento más estable de todos, es decir, el de mayor energía de ligadura. Los elementos posteriores al hierro se producen en el momento de la explosión de la supernova, gracias a las ingentes cantidades de energía liberada.

adquieren masa hasta superar el límite de Subrahmanyan Chandrasekhar (PN 1983). Como las estrellas de neutrones giran rápidamente, a veces emiten haces de radiación electromagnética que se observan como periódicos y que así pueden ser detectados como púlsares. Estos fueron observados por Jocelyn Bell Burnell y Anthony Hewish en el año 1967, hito que se considera la confirmación de la existencia de estrellas de neutrones. Hewish, pero no su estudiante de doctorado Jocelyn Bell, para muchos injustamente —para otros, ella incluida, no—, recibió el Premio Nobel en el año 1974. El **púlsar** de máxima velocidad de rotación observado, 43 000 revoluciones por minuto, tiene una velocidad lineal en su ecuador de ¼ de la velocidad de la luz. La longitud de onda de Compton del neutrón da la distancia aproximada entre estos en la estrella de neutrones.

Cuando las estrellas de neutrones atraen incluso más masa, al superar un límite de unas 3 masas solares, la presión de degeneración ya no es suficiente para contrarrestar la atracción gravitatoria y colapsan en un **agujero negro**, cuyo interior es desconocido.

Después de su gran trabajo sobre la relatividad general, Einstein volvió al estudio de los fenómenos de **absorción y emisión de luz** —es decir, de fotones— por los átomos. Hay dos tipos de emisión: la espontánea, en la que la emisión es isótropa, es decir, la luz se emite por igual en todas las direcciones; y la estimulada, que ocurre cuando el átomo está iluminado con un haz de luz de la misma frecuencia, y que es anisótropa, ya que los fotones emitidos tienden a serlo en la misma dirección que la de los fotones del haz incidente. Los fotones emitidos prefieren hacerlo en el mismo estado que los incidentes, como si se comunicasen. Este extraño fenómeno es el inicio de lo que sigue.

En 1924, Einstein recibió una carta de un joven bengalí, Satyendra Nath Bose (1894-1974), junto con un manuscrito en inglés en el que proponía una nueva deducción de la ley de Planck de la radiación del cuerpo negro, basada en la estadística de los fotones y en el hecho de haber dos estados de polarización.[74] Einstein, que recordaba lo mencionado en el párrafo anterior, tradujo el manuscrito al alemán y recomendó su publicación. Pero, siendo Einstein, se dio cuenta de que había mucho más detrás de esta nueva perspectiva de la estadística de fotones. Llegó así a entender la importancia de la **indistinguibilidad de los fotones**, es decir, que, al contar el número de configuraciones de un conjunto de fotones, estos no se pueden etiquetar más allá de las características físicas que los definen. Así, en el ejemplo dado en la nota 3 a pie de página, todas las bolas tienen ahora el mismo color, y el número de configuraciones es 20, en vez de 64.

Se podría pensar que, dado que en el mundo cuántico hay menos configuraciones que en el clásico, donde las partículas son distinguibles, la física cuántica debería ser más sencilla. Pero los espacios clásicos de varias partículas se suman, mientras que los espacios de Hilbert de varias partículas se multiplican. Así, una partícula clásica necesita un espacio de 6 dimensiones, por tener 3 coordenadas de la posición y 3 componentes de la velocidad. Dos partículas necesitarían 12 dimensiones y 10, necesitarían 60 dimensiones: su tamaño crece linealmente con el número de partículas. Sin embargo, solo el espín de una partícula como un electrón necesita un espacio de Hilbert de dos dimensiones, 2 espines de 4 dimensiones, 3 de 8 y 10 de 1024 dimensiones: el crecimiento es

---

74. El fotón tiene espín igual a 1, por lo que debería tener tres estados distintos y distinguibles de espín, pero solo tiene dos polarizaciones, porque, al desplazarse a la velocidad de la luz, la dirección de su movimiento ha desaparecido por la contracción de Lorentz, quedando solo las dos direcciones transversales.

exponencial. Pero aún hay más: la descripción completa de un solo electrón, con su función de onda, ya necesita un espacio de Hilbert de dimensión infinita...

De esta forma se construye una nueva **estadística, cuántica, denominada de Bose-Einstein**, en la que la descripción del conjunto de fotones debe ser simétrica para todos ellos, de forma que, al intercambiarse dos de ellos, nada cambia. Esto da lugar a una fuerza atractiva, de origen exclusivamente cuántico, que favorece que los fotones se sitúen en el mismo estado, es decir, con la misma frecuencia, la misma dirección de propagación y la misma polarización. Junto a la emisión estimulada es este el fundamento conceptual de los **láseres**, paradigma de la óptica cuántica, que ha dado lugar a tantísimas aplicaciones tecnológicas.

Esta estadística cuántica también es válida para todas las partículas, núcleos, átomos y moléculas de espín entero: 0, 1, 2..., como el átomo de hidrógeno, la molécula de hidrógeno, la partícula α, el átomo de He^4, etc., dando lugar, a bajísimas temperaturas, cuando los constituyentes se sitúan en el mismo estado cuántico fundamental —el de más baja energía— a lo que se denomina **condensado de Bose-Einstein**,[75] que también ayuda a entender fenómenos muy sorprendentes como la superfluidez y la superconductividad.

Así se entiende que las partículas de espín semientero se llamen **fermiones**, y las de espín entero, **bosones**. Nótese que las que son compuestas, como los núcleos, los átomos y las moléculas, tienen un espín entero, si el número de constituyentes elementales,

---

75. Se habla a veces del quinto estado de la materia. Los otros cuatro son los sólidos, los líquidos, los gases y los plasmas. En estos últimos, los electrones están separados, al menos en parte, de los átomos, por lo que los constituyentes están todos eléctricamente cargados, electrones e iones.

que todos tienen espín ½, es par, y por ello son bosones; y tienen un espín semientero, si el número de constituyentes elementales es impar, y por ello son fermiones.

Los primeros condensados de Bose-Einstein fueron creados a temperaturas ¡inferiores a una millonésima de K!, en un gas diluido de átomos alcalinos en el año 1995, por Eric Cornell y Carl Wieman e, independientemente, por Wolfgang Ketterle. Esto ocurrió setenta años después de su predicción y mereció para los tres el Premio Nobel del año 2001. Estos condensados muestran características cuánticas a distancias macroscópicas, siendo otro ejemplo de la validez de los conceptos cuánticos en el macrocosmos. No hace mucho, la danesa Lene Hau, profesora en Harvard, midió la velocidad de propagación de la luz en uno de ellos, ¡obteniendo 17 m/s!

La **superconductividad**, es decir, la pérdida de la resistencia eléctrica, y por lo tanto de la disipación de energía asociada, fue descubierta en mercurio y plomo por Heike Kamerlingh Onnes en el año 1911 en Leiden,[76] a una temperatura de unos 4 K, la temperatura a la que el helio se hace líquido —que él había conseguido licuar por primera vez pocos años antes—, recibiendo por ello dos años más tarde el Premio Nobel. La explicación del fenómeno de superconductividad tuvo que esperar al trabajo del año 1957 de John Bardeen (1908-1991), Leon Cooper (1930-2024) y John Schrieffer (1931-2019), por el que recibieron el Premio Nobel en 1972.[77] Se basa en la creación de **pares de Cooper**, es decir, de unidades formadas por dos electrones y que, por ello,

---

76. Fue también rector de la Universidad de Leiden.

77. Bardeen ya había recibido un Premio Nobel en 1956, por el descubrimiento del transistor. Volveremos a ello en el capítulo 13. Es así la única persona que haya sido honrada con dos Premios Nobel de Física.

son bosones. Estos bosones condensan *à la* Bose-Einstein, esto es, se sitúan todos ellos en el mismo estado cuántico y así ya no pueden interactuar entre ellos, ni frenarse, y la resistencia eléctrica desaparece. Es este estado cuántico —único y macroscópico— de pares de Cooper el que transporta la corriente eléctrica sin resistencia alguna, y por ello, sin consumo de energía. Se la conoce como la teoría BCS, por las iniciales de los apellidos de los que entendieron el fenómeno. Las aplicaciones tecnológicas son múltiples, como en los aparatos de imagen por resonancia magnética (IRM) en los hospitales, cuyos intensos campos magnéticos de varios teslas son producidos por las corrientes eléctricas que circulan por superconductores.

La **superfluidez** ocurre cuando —a bajísimas temperaturas— la viscosidad de un fluido desaparece, es decir, la resistencia al movimiento del fluido se anula, por lo que ya no pierde energía cinética (y no se calienta). Fue descubierta en el año 1937 en He^4 por Pyotr Kapitsa (1894-1984, PN 1978) e, independientemente, por John Allen y Don Misener, y explicada por Lev Landau e Isaak Khalatnikov. Ocurre porque las partículas de He^4 se colocan en el mismo estado cuántico, por lo que no puede haber fuerzas de fricción entre ellas. Un líquido superfluido sube las paredes del envase que lo contiene, desbordándose si el recipiente no está cerrado.

Lev Landau (1908-1968, PN 1962) fue uno de los más destacados físicos soviéticos, y resolvió un espectro amplísimo de problemas de la física teórica.[78] Aprendió con Bohr, Dirac y Pauli, y se consideraba un discípulo del primero. Pasó un tiempo en las prisiones soviéticas, pero Kapitsa y Bohr consiguieron convencer

---

78. Su enciclopédica colección de manuales que cubren toda la física, escritos con Evgueni Lifshitz, ha sido utilizada por generaciones de estudiantes de física.

a Stalin de liberarlo. Posteriormente lideró los cálculos necesarios para el desarrollo de las bombas nucleares, o de fisión, y las termonucleares, o de fusión, por lo que recibió dos veces el Premio Stalin. En el invierno del año 1962 sufrió un terrible accidente de automóvil, del que nunca se recuperó completamente, y que le impidió recoger en persona el Premio Nobel.

La superfluidez en He^3 fue descubierta a temperaturas aún mucho más bajas, inferiores a una millonésima de K, y mereció un Premio Nobel en el año 1996 para David M. Lee, Douglas D. Osheroff y Robert C. Richardson, y otro en 2003 para Alexei Abrikosov, Vitaly Ginzburg y Anthony Leggett. Pero el He^3 es un fermión, ya que su núcleo tiene dos protones y un neutrón, y el átomo tiene dos electrones. Que presente fenómenos de condensación siendo un fermión es debido de nuevo a la formación de pares de Cooper, que siempre son bosones, fenómeno equivalente al de la superconductividad, pero ahora con partículas muchísimo más masivas.

Aunque con incursiones en el futuro del legado de toda esta época, podríamos dar por concluidos así los 25 años del **balbuceo cuántico** y de las dos revoluciones relativistas, y pasar a la mecánica cuántica.

7

Los principios de incertidumbre de Heisenberg y la ecuación de Schrödinger (1925-1926)

«No solo el Universo es más extraño de lo que pensamos, sino también más extraño de lo que podemos pensar». (W. Heisenberg)

«Si un hombre no se contradice, la razón debe ser que casi nunca opina sobre nada». (E. Schrödinger)

Werner Heisenberg (1901-1976, PN 1932) fue uno de los que construyeron —de hecho, el primero— en su forma definitiva la **mecánica cuántica no relativista**, las ecuaciones dinámicas que rigen la evolución en el tiempo de los constituyentes de la materia, que así explican las propiedades de esta, y que muchos consideran el hecho más importante de la física del siglo xx. Estudió con Sommerfeld en Múnich y fue asistente de Max Born en Gotinga, y visitó frecuentemente a Bohr en Copenhague, con quien no solo aprendió y dialogó mucho, sino con quien también elaboró lo que se denomina la **interpretación de Copenhague** de la mecánica cuántica.

Parece ser que fue en la isla de Helgoland o Heligoland del mar del Norte, lugar al que fue para evitar su alergia primaveral, donde se inspiró para crear su versión del mundo cuántico.[79] En el viaje de vuelta a Gotinga, Heisenberg visitó a Pauli en Hamburgo, para pasar sus ideas por el finísimo tamiz del cerebro de este, antes de asentarlas por escrito. Pauli hizo algo excepcional en él: lo animó a escribir el manuscrito y, además, lo revisó. Este artículo, uno de los más revolucionarios de la física, es el producto de la genialidad de un jovencísimo físico reforzada por la de otro, solo un año mayor, y no menos genial.

Para Heisenberg tenía más sentido concentrarse en las magnitudes que se pueden observar —lo que se llama los **«observables»**— que en constructos matemáticos auxiliares, como hizo Schrödinger, con sus funciones de onda, y Dirac, con sus «estados». Como Einstein, Heisenberg estaba influido por Mach, para quien la comprensión se originaba en la observación y no en una reflexión metafísica. En el formalismo que construyó, en parte con la ayuda de Born, estos observables, como, por ejemplo, las frecuencias y las intensidades de las radiaciones electromagnéticas emitidas y absorbidas por los átomos, venían descritos por matrices, es decir, conjuntos de números ordenados en filas y columnas, lo que tuvo como consecuencia inmediata que el orden en el que aparecían dos observables era importante, ya que el producto de dos matrices depende generalmente del orden de estas. De aquí dedujo, un par de años más tarde, sus famosas relaciones de incertidumbre o indeterminación entre pares de observables, llamados

---

79. Esta estancia, como otras de él, ha dado lugar a algunas interpretaciones de interesante lectura, aunque es difícil saber lo que en ellas corresponde a una realidad más o menos objetiva y lo que es debido a la fantasía creativa de los diferentes autores. Su visita en 1941 a Bohr en el Copenhague ocupado por los alemanes, para hablar de la bomba nuclear, es otro ejemplo. Su papel en el desarrollo del programa nuclear de la Alemania nazi es controvertido.

«complementarios»,[80] representados por matrices que no conmutan. De forma más general, los observables se describen en los espacios de Hilbert por «operadores», que se pueden entender como matrices de tamaño infinito.

Max Born (1882-1970, PN 1954) fue durante doce años, hasta la llegada al poder de Hitler en el año 1933, profesor en Gotinga, donde dirigió la tesis doctoral de muchísimos de los que serían los grandes físicos de la época, como Maria Goeppert-Mayer (1906-1972, PN 1963, segunda mujer en recibirlo),[81] Pascual Jordan[82] (1902-1980) y Robert Oppenheimer. Publicó con Heisenberg varios de los trabajos fundacionales de la mecánica cuántica y fue, a pesar de sus discrepancias «cuánticas», un gran amigo de Einstein.[83] La conocida actriz Olivia Newton-John fue su nieta.

---

80. Casi siempre son tales que el producto de sus dimensiones tiene la dimensión de una acción, como la constante de Planck.

81. Donna Strickland, muchos años después (PN 2018), fue la tercera. Recientemente asesoré con ella y otros físicos al ICFO, Institut de Ciències Fotòniques, situado cerca de Barcelona. El ICFO es el centro de investigación español con la mayor densidad de contratos ERC *(European Research Council)* de España. Estos contratos se consideran un indicador muy fiable de excelencia científica.

82. De lejano origen español.

83. Born firmó el manifiesto de Russell-Einstein de 1955 sobre las consecuencias de una guerra nuclear, redactado por el matemático y filósofo Bertrand Russell un poco antes del fallecimiento de Einstein, igual que lo hizo Linus Pauling, que recibió el Premio Nobel de Química por explicar los enlaces químicos en términos cuánticos (año 1954) y el de la Paz (año 1962), siendo así, con Marie Curie, una de las dos únicas personas galardonadas con dos Premios Nobel en categorías distintas. Pero la única persona jamás galardonada con un Premio Nobel y un Premio Ig Nobel (Ig por *ignoble* en inglés, innoble) —premio satírico pero serio, que se anuncia en el MIT, Cambridge, Boston—, es Andre Geim, por el grafeno y por levitar una ranita, respectivamente. La mención de grafeno y MIT nos recuerda al valenciano Pablo Jarillo-Herrero, que allí dirige estudios de superconductividad y otras propiedades en grafeno.

Volveremos en este mismo capítulo a la contribución interpretativa más importante de Born.

Quizás el **principio de incertidumbre** o relación de incertidumbre más conocida es la **de posición-momento lineal**, que toma la forma

$$\Delta x \, \Delta p \geq h/4\pi \quad (7.1),$$

y cuya interpretación es la siguiente: cuando medimos la posición de un sistema físico, obtenemos un resultado x con un cierto error o incertidumbre Δx, y, cuando medimos el momento lineal del mismo sistema físico —preparado de la misma forma—, obtenemos p con un error o incertidumbre Δp, que necesariamente debe cumplir (7.1), por lo que, si medimos con precisión casi infinita (no existen infinitos al medir) uno de ellos, el otro está totalmente indeterminado, ya que su error es casi infinito. Magnitudes que no pueden medirse simultáneamente con precisión se llaman complementarias. Toda la física clásica de las partículas puntuales, definidas por su posición y su momento lineal (o, equivalentemente, velocidad) se desmorona así; el demonio de Laplace, capaz de predecir el futuro del Universo si conoce las posiciones y los momentos lineales de todas sus partículas, ya no es capaz de hacerlo por culpa de la constante de Planck. El concepto de trayectoria se desvanece. El futuro es ontológicamente impredecible, el determinismo clásico no es compatible con la mecánica cuántica y, por ello, debe ser abandonado en nuestra descripción de la naturaleza. También el concepto de causalidad queda seriamente tocado. Con esta relación, Heisenberg también resuelve la confusión en la descripción del movimiento de los electrones alrededor del núcleo atómico: no se pueden mover a lo largo de trayectorias —órbitas—, ya que estas requieren estar en

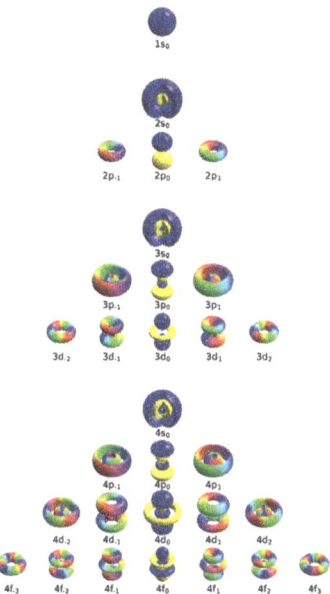

Conjunto completo de eigenfunciones hasta n = 4. Los orbitales sólidos encierran el volumen por encima de un cierto umbral de densidad de probabilidad. Los colores representan la fase compleja; s, p, d y f corresponden a l = 0, 1, 2 y 3, siendo l el número cuántico orbital (cap. 4).

posiciones precisas con velocidades precisas, algo ahora entendido como imposible, sino que están de forma imprecisa en una «nube» borrosa que rodea el núcleo, en un **orbital**. El problema de por qué no emiten radiación electromagnética en su «movimiento» queda así también resuelto. Las órbitas del átomo de Bohr y Sommerfeld se han transformado para siempre en los orbitales.

Según la termodinámica clásica, a la temperatura más baja posible, 0 K o -273,15 °C, llamada el cero absoluto, todo movimiento de las partículas cesa. Esto ahora deja de ser cierto, ya que el principio de incertidumbre implica un mínimo de movimiento. Recordemos que casi todos los elementos son sólidos cuando la temperatura se acerca al cero absoluto con presión atmosférica estándar, por lo que los constituyentes están localizados. Y si el momento lineal fuera nulo, se entraría en conflicto con el principio (7.1).

El otro **principio de incertidumbre** fundamentalmente revolucionario, sutil pero de otra forma, es el **de energía-tiempo**

$$\Delta E \, \Delta t \geq h/4\pi \quad (7.2).$$

Su carácter es radicalmente distinto, ya que el tiempo en la mecánica cuántica no relativista no es una magnitud observable, no es una matriz u operador. Es, simplemente, un parámetro que se mide clásicamente, mientras que la energía sí lo es, e importantísimo. En su forma de operador, llamado hamiltoniano, la energía es responsable de la evolución en el tiempo del sistema físico que se esté considerando. ¿Cómo se interpreta entonces (7.2)?

Este principio nos dice que la energía no se conserva dentro de un margen dado por ΔE durante un intervalo de tiempo dado por Δt. Así, finalmente, la quizás más sagrada ley de conservación de la física se tambalea, pero solo durante un breve instante, tanto más cuanto más breve sea este. Este importantísimo resultado tiene consecuencias inauditas, la más «normal» de ellas es la que explica el efecto túnel, mencionado en el capítulo 4. En efecto, si para que una partícula α salga de un núcleo necesita más energía de la que dispone, puede «tomarla prestada» durante un breve intervalo de tiempo dado por el principio (7.2), y así superar esta barrera de energía que impide su emisión. Pero la consecuencia más profunda de este principio de incertidumbre son las **fluctuaciones cuánticas del vacío** y la **estructura cuántica del vacío**, a las que volveremos posteriormente.

Antes, en el año 1925, Heisenberg había formulado su ecuación, base de su —bastante abstracto— formalismo cuántico, en que lo que cambia en el tiempo son los observables, no los estados. Estos observables se pueden representar frecuentemente por matrices, por lo que este formalismo se llama también matricial. Fue la primera formulación correcta de la ecuación de la dinámica cuántica. Reproducía todos los éxitos del átomo de Bohr y daba, además, el tamaño correcto del átomo de hidrógeno, 0,1 nm, y el valor correcto de la energía de ligadura del electrón en el estado fundamental, unos 13,6 eV (véase el apéndice B). A partir de ella, en principio, se puede entender toda la física de la materia atómica y molecular, con unas pocas limitaciones, cuyas resoluciones necesitarían el desarrollo de la teoría cuántica de campos, es decir, otros cincuenta años.

Erwin Schrödinger (1887-1961, PN 1933), nacido en Viena, donde también falleció, formuló un poco más tarde, estando en Zúrich, su conocida ecuación[84] para la **función de onda**,[85] que es una representación del estado del sistema físico. También demostró, en otro de sus seis trabajos «cuánticos» del año 1926, posiblemente estando ya en Berlín, la equivalencia de su formulación con la mecánica cuántica matricial de Heisenberg y Born. La mayoría de los físicos prefieren la formulación de Schrödinger, llamada ondulatoria, que expresa, mediante una ecuación diferencial, la

---

84. Bien visible en su tumba en el Tirol.

85. Su origen estuvo en unas vacaciones a finales de 1925 en Arosa, en los Alpes suizos, con una amante, se supone que en los ratos de ocio intelectual que le quedaron. Más tarde no aceptó un profesorado en el Reino Unido porque las autoridades académicas no dieron el *nihil obstat* cuando Schrödinger pidió un alojamiento común para él, su esposa y su amante del momento, por lo que acabó en el Trinity College de Dublín. Algo debe de indicar esto sobre las distintas posturas «morales» de los anglicanos y de los católicos.

Tumba de Schrödinger en Alpbach (Tirol).

evolución en el tiempo de la función de onda, y por ello se parece más a los formalismos utilizados en la teoría de ondas, mucho más habituales que el cálculo de matrices. En ambos formalismos —de hecho, en todos— aparece siempre el producto de la unidad imaginaria y la constante de Planck, «ih», lo que indica que la mecánica cuántica, contrariamente a lo que pasa con la clásica, no se puede formular solo con números reales, siempre necesita de los números complejos. Se podría imaginar la física cuántica como una extensión al plano complejo de la física clásica, que solo necesita la recta real.

Pero ¿qué es lo que representa la función de onda de Schrödinger? ¿En qué sentido representa el estado en el que está el sistema físico que se está considerando? ¿Existe en el espacio real?

La respuesta a estas preguntas la dio posteriormente Born, y no le gustó nada a Schrödinger, ni a Einstein, pero sí a Heisenberg y a Bohr, y forma parte de la ya mencionada interpretación de Copenhague: es una **onda de probabilidades**, permite calcular la probabilidad de obtener un cierto resultado cuando se mide cualquier magnitud física. Siendo una ecuación diferencial, la evolución de la función de onda está determinada, de una forma que se denomina unitaria, pero su contenido de información es solo probabilístico. Esta unitariedad implica que el contenido de información, aunque probabilístico, se conserva. La mecánica cuántica combina magistralmente determinismo con incertidumbre. La función de onda no es pues algo físico, sino más bien un instrumento matemático asociado al estado del sistema físico, a lo que sabemos de él, a todo lo que podemos saber de él.[86] Es un nuevo paso hacia la complejidad epistemológica de las ideas cuánticas.

¿Cómo se puede conocer la función de onda? Pues midiendo muchas veces la posición del sistema físico preparado idénticamente: la distribución obtenida es la función de onda, y da las probabilidades de obtener las diferentes posiciones. También se podría haber decidido medir el momento lineal, la función de onda sería entonces una función de p; esto demuestra la «irrealidad» de la función de onda.

En el año 1927 tuvo lugar el famosísimo congreso de física de Solvay en Bruselas, en su quinta edición, *Électrons et photons*,

---

86. Este autor no entrará en el actualmente irresoluble laberinto de si por ello es subjetiva, anclada en nuestra conciencia, porque hoy en día no existe una teoría seria de la conciencia y nadie sabe si nunca la tendremos.

presidido por Lorentz, que falleció unos meses más tarde. Allí estuvieron todos los grandes: Madame Curie de París, Bohr de Copenhague, Born de Gotinga, Compton de Chicago, De Broglie de París, Dirac de Cambridge, Einstein de Berlín, Heisenberg de Copenhague, Pauli de Hamburgo, Planck de Berlín, Schrödinger también de Berlín y algunos otros no mencionados —o solo marginalmente, como Ehrenfest— en este libro. La discusión final tuvo lugar bajo el sugestivo título *Causalité. Déterminisme. Probabilité*. Allí acaeció uno de los momentos culminantes del profundo debate sobre el significado de la mecánica cuántica entre los dos gigantes —y amigos para siempre— Bohr y Einstein, que la mayoría consideró una victoria de Bohr, a pesar de la gran dificultad de entender sus razonamientos.

Quinto congreso de Solvay (1927), considerada la fotografía más importante y famosa de la historia de la física.

Según algunos, fue allí donde Albert Einstein pronunció su famosa frase *«Gott würfelt nicht»* («Dios no juega a los dados») para expresar su oposición a la interpretación probabilística de la mecánica cuántica, defendida por la escuela de Copenhague liderada por Niels Bohr. Asimismo, en Solvay, Lorentz acabó su intervención con la siguiente frase: *«Faut-il nécessairement ériger l' indéterminisme en principe?»* («¿Debemos necesariamente erigir el indeterminismo en principio?»).

Niels Bohr con Albert Einstein en casa de Paul Ehrenfest en Leiden (diciembre de 1925).

Este debate lo continuaron en el siguiente congreso de Solvay, en el año 1930. La interpretación de Bohr, y de Heisenberg, Pauli y Born, conocida como la de Copenhague, se construye sobre el **principio de complementariedad**, cuyo contenido preciso no ha sido consensuado, pero que se puede resumir diciendo que la realidad solo se comprende a partir de pares de propiedades complementarias, como posición y momento lineal, energía y tiempo, partícula y onda, determinismo e incertidumbre, causalidad y azar.[87] Sustituye la contradicción o dicotomía por la complementariedad, que parece ser la elección hecha por la naturaleza.

---

87. Así lo entiende también este autor. No se debe confundir con el principio de correspondencia, también de Bohr, que afirma que, cuando hay muchos cuantos (n grande, por ejemplo), se reproducen los resultados clásicos.

El tercero del trío revolucionario, aunque cronológicamente coincidente con el segundo, y el más joven de ellos, fue Paul A. M. Dirac (1902-1984, PN 1933), hombre solitario, muy inteligente y taciturno, excepto con los amigos íntimos. Fue el físico más joven en recibir el Premio Nobel (si no contamos a Lawrence Bragg, como es habitual), y mantuvo este récord hasta el año 1957, cuando lo recibió T. D. Lee. Algunos lo consideran un genio solo superado por Einstein, quien en esos años dijo de él que su equilibrio entre genialidad y locura era sobrecogedor. Leyó su tesis doctoral, con el título *Quantum Mechanics,* en 1926. Ocupó en Cambridge la cátedra llamada lucasiana, como antes había hecho Newton y después lo haría Stephen Hawking. Tras una discusión sobre religión con Pauli y Heisenberg —los mayores conocían la física que estaban construyendo los tres como *die Knabenphysik* («la física de los muchachos»)—, Pauli resumió las ideas de Dirac en la frase: «No hay Dios, y Dirac es su profeta». Parece ser que incluso Dirac se rio. La belleza de la formulación matemática, frecuentemente asociada a la simplicidad, era para él, igual que para Einstein, una cuasi garantía de la corrección de la teoría. Y frecuentemente así ha sido, pero también frecuentemente no lo ha sido. La naturaleza es algo más compleja.

Su trabajo fundacional de la mecánica cuántica no es el más conocido de él, quizás por ser la menos revolucionaria de las tres versiones, aunque para algunos sea la más bella. La escribió y publicó rapidísimamente tras leer el artículo seminal de Heisenberg. Demuestra que su formalismo es equivalente al matricial de Heisenberg. Y Dirac escribe, ¡en 1930!, un magnífico libro, *Los principios de la mecánica cuántica,* un libro de culto aún utilizado hoy en día por estudiantes e investigadores. En él introduce un formalismo matemático basado en espacios de Hilbert que ayuda a comprenderla, con su introducción (en una edición posterior) de los «kets»[88] para describir un estado, la «función» delta de Dirac para describir una función de valor no nulo en un solo punto, y los «bras» para describir las medidas. Las mecánicas cuánticas de Heisenberg y Schrödinger no son más que distintas representaciones del formalismo abstracto de Dirac. La interpretación de la mecánica cuántica no le interesaba a este último, algo no tan sorprendente si se tiene en cuenta su extrañísima personalidad. O, quizás, porque todo lo que nos parece extraño de los fenómenos cuánticos no lo es en los espacios de Hilbert, en los que parecía vivir Dirac.

La primera característica hecha evidente por su formalismo es lo que se llama el **principio de superposición**. Cuando tenemos el estado de un electrón localizado en una zona «a», representado por su ket correspondiente, |a>, y el estado del mismo electrón localizado en otra zona, b, representado por el ket |b>, el estado resultante de la suma, |a> + |b>, es también un estado del electrón físicamente posible, pero este ahora no está en ninguna de las dos localizaciones, sino en las dos a la vez.[89] Este principio de superposición es una pieza imprescindible, indiscutible e incontrovertida de la mecánica cuántica. Si medimos la posición, el electrón sí estará en una o la otra, con ciertas probabilidades, que se pueden calcular. Así, con la medida DE LA POSICIÓN, como por magia,

---

88. Viene de la palabra inglesa *«bracket»*, por lo que se debería traducir por la segunda mitad de la palabra «paréntesis», algo que no recomiendo. El «bra», a pesar de tener ya un significado textil en inglés, juega también un papel importante en su formulación.

89. De hecho, es una suma con números complejos ponderando cada ket, que son los que dan la probabilidad de los resultados de las medidas. Las matemáticas no son difíciles, pero lo que significa físicamente esta superposición sí que representa un cierto desafío, aunque no sea otra cosa que lo que ya se daba en el experimento de las dos rendijas.

el estado de superposición «colapsa» a uno de los estados localizados, al azar, pero un azar ponderado. Esto es el **colapso de la función de onda**, consecuencia de la medida. El estado del electrón, resultante de la medida, queda definido por el tipo de medida que efectuamos sobre él. La observación, o, mejor, la **medida define la realidad**, proyectando dudas sobre la objetividad de esta. Aunque toda metáfora clásica de un fenómeno cuántico tiene algo de falsa, podemos decir que la predicción del tiempo de mañana, un 30 % de probabilidad de lluvia, colapsa a la realidad mojada, cuando al día siguiente llueve. Lo falso de la metáfora es que el colapso cuántico es genuinamente aleatorio —aunque las probabilidades estén determinadas— mientras que el clásico está totalmente determinado, aunque lo ignoremos. El primero no tiene una causa, el segundo sí.

A veces se dice que la observación acaba con la incertidumbre. Esto no es así, ya que solo acabaría con la incertidumbre de la magnitud medida, pero no con la incertidumbre de las magnitudes complementarias, que ahora son necesariamente inciertas. Volveremos en el capítulo 14 a la medida y al colapso.

Pero, entonces, ¿cómo se determina el estado si la medida lo altera? Pues, haciendo muchas medidas de la posición sobre estados preparados idénticamente. Es la estadística de los resultados de estas medidas idénticas la que informa sobre el estado —o la función de onda— que lo representa. ¿Es esto suficiente para conocer totalmente el estado? Pues no, hay que medir también otros observables compatibles con la posición, es decir, que conmutan con ella, como el espín, para obtener toda la información posible. Pero siempre será menos que lo que permite la física clásica para el macrocosmos.

Así pues, cuando se mide, aparecen nuevos problemas de interpretación, debido a las probabilidades, y entonces el determinismo se ha evaporado. Esto es porque los aparatos de medida son macroscópicos y no los describimos —no lo podemos hacer— microscópicamente con la mecánica cuántica, ya que habría que hacerlo para los quintillones de átomos del aparato. Esta discrepancia entre el aparato macroscópico y el electrón microscópico es la que introduce las probabilidades. Ni Einstein, con su «Dios no juega a los dados» que ya vimos,[90] ni De Broglie, ni Schrödinger, que quiso renegar de su función de onda, estaban satisfechos con estas ideas de Bohr, Heisenberg, Born y Pauli, los ortodoxos.[91] A Dirac pareció no interesarle el tema, que hoy en día se interpreta como un fenómeno de decoherencia, al que volveremos en el capítulo 14.

Avanzamos al año 1935, en el que **Einstein**, **Podolski y Rosen (EPR)** publican su **paradoja**, que no lo es para los ortodoxos de la interpretación de Copenhague, y Schrödinger presenta su *Gedankenexperiment* con el famoso gato, aparentemente vivo y muerto a la vez. Ambos están basados en lo que quizás sea la propiedad más extraña, quizás también la más profunda,[92] del mundo cuántico: el **entrelazamiento**, aunque el gato solo necesita la superposición. Supongamos que tenemos un electrón y un protón, en un estado en el que el primero está en la zona a y el segundo en la zona b y lo

---

90. Posiblemente dijo «*Der Alte würfelt nicht*» («El Viejo no juega a los dados»), ya que solía llamar a Dios, cariñosamente, en presencia de sus amigos, «el Viejo». En sus diálogos con Bohr sobre los misterios cuánticos solía decir que el Viejo se había equivocado, o que lo podría haber hecho mejor; a veces Bohr le respondía que dejara de corregir al Viejo, que este ya sabía lo que tenía que hacer.

91. Wigner llegó incluso a proponer que es la propia conciencia, el darse cuenta, lo que causa el colapso de la función de onda.

92. Eso opinaba Schrödinger en 1935, cuando dijo que es LA característica cuántica la que fuerza el abandono de la forma clásica de pensar. Fue él quien la acuñó: «*die Verschränkung*», «el entrelazamiento».

sumamos, gracias al principio de superposición, al estado en que el primero está en b y el segundo en a, es decir, |a>|b> + |b>|a>.[93] Este es un estado entrelazado del electrón y protón, y lo representamos por |e>. Ahora medimos la posición del electrón, y, al azar, resulta que está en a. Esto equivale a eliminar el segundo término de la superposición, por lo que automáticamente sabemos, sin medir sobre el protón, que este está en b. Podría haber resultado que el electrón estuviese en b, y entonces hubiésemos sabido que el protón está en a. Hasta aquí, nada extraño, una simple correlación que también existe en la física clásica.

Pero imaginemos que, en vez de medir la posición, medimos el momento lineal.[94] Hay dos estados de momento lineal a lo largo de la línea recta que une las localizaciones: de a hacia b, $|p> = (|a> + |b>)/\sqrt{2}$, y de b hacia a, $|-p> = (|a> - |b>)/\sqrt{2}$. Entonces un cálculo muy sencillo nos da que |e> también se puede escribir como |-p>|p> - |p>|-p>. De esta expresión se deduce que, si al medir el momento lineal del electrón obtenemos -p, el momento lineal del protón es p, y viceversa. Y esto es el meollo de la paradoja EPR: cuando mido una posición en uno, el otro, que puede estar muy alejado, está en la otra posición, por lo que no puede tener el momento lineal bien definido; mientras que, si decido medir el momento lineal, el otro tiene el momento lineal opuesto, pero la posición no puede estar definida. El estado «real»[95] del protón, sobre el que no se mide, viene deter-

93. De nuevo prescindimos de normalizaciones, ponderaciones relativas y fases.

94. Una «especie» de momento lineal, ya que con solo dos estados de posición no se puede definir el momento lineal tal como lo conocemos.

95. Ya que en principio no debería estar alterado, al no medirse sobre él y estar alejado. Este autor prefiere el término «objetivo», ya que «real» tiene más connotaciones filosóficas.

minado, instantáneamente, por el resultado de la medida sobre el electrón, por muy lejos que este se halle. **No existe pues una realidad objetiva local**. La realidad objetiva y la localidad —no poder ser modificado por algo que se propaga más rápidamente que la luz— se pueden considerar otro ejemplo de la complementariedad *à la* Bohr, ya que necesitamos las dos para entender la naturaleza, aunque no sean compatibles. En cualquier caso, el **entrelazamiento significa un límite del reduccionismo**: sistemas entrelazados no se pueden entender completamente estudiando solo sus partes, ni siquiera correlacionándolas, sino solo estudiándolos holísticamente.

Con este análisis de EPR los autores quisieron mostrar que esta pérdida de la realidad objetiva y local de la mecánica cuántica no podía tener la última palabra, que la teoría debía ser incompleta, que esta «acción fantasmagórica a distancia»[96] debía tener alguna explicación más «razonable», local, basada en unas variables, llamadas ocultas. El **gato de Schrödinger** apareció en discusiones de este con Einstein, también como crítica burlesca de la interpretación de Copenhague, ya que la superposición de un gato tanto vivo como muerto le pareció a Einstein absurda. Bohr o Heisenberg le contestarían que no lo es, que es simplemente irrealizable.

Así quedó el asunto durante casi tres décadas, como una incompatibilidad de realismo y localidad. Con una teoría basada en dos fenómenos descritos de forma radicalmente distinta: la evolución en el tiempo —o dinámica— determinista y causal, y la observación mediante medida, que conduce a un cambio abrupto y aleatorio, pero con ponderación determinada. Ni Einstein ni Schrödinger, descontentos con lo que ellos mismos en gran parte

---

96. *Spooky action at a distance,* en inglés; *spukhafte Fernwirkung,* en alemán. Así la definía Einstein, según el idioma que utilizase.

John Bell en el CERN, en 1982.

habían creado, ya no contribuyeron posteriormente al desarrollo de la mecánica cuántica ortodoxa. Una lástima. Schrödinger se pasó a la biología y publicó en el año 1944 su precioso libro *¿Qué es la vida?*, que influyó en muchos científicos que posteriormente ganarían Premios Nobel de Fisiología o Medicina.

Pero en el año 1964 todo cambió, cuando John Bell (1928-1990), durante un sabático del CERN,[97] donde trabajaba, presentó unas desigualdades que toda teoría real y local, es decir, *à la* Einstein, debía cumplir, pero que no cumplía la mecánica cuántica, sacando el tema del contexto filosófico para introducirlo en el campo experimental. Recordemos que el entrelazamiento, la esencia del argumento de EPR, tiene poco que ver con el espacio real, el que

97. Centro Europeo de Investigación en Física de Altas Energías, situado sobre la frontera francosuiza cerca de Ginebra. El CERN celebró sus 70 años de existencia en 2024. Este autor tuvo la oportunidad de investigar en él.

conocemos: no disminuye con la distancia, actúa instantáneamente y relaciona localizaciones sin que medie el espacio. Alain Aspect (1947, PN 2022) hizo en el año 1982 el experimento definitivo, con fotones entrelazados —¡y cambiando la orientación de los polarizadores durante el vuelo de los fotones para asegurar que no hubiese influencias causales entre los polarizadores que pudiesen afectar los resultados de sus medidas, que así eran genuinamente independientes!—, mostrando una violación de las **desigualdades de Bell** y, por ello, que la mecánica cuántica con su no-localidad es, por el momento, la teoría *final* de la naturaleza. En otras palabras, las **probabilidades son aleatorias, acausales**, no reflejan ninguna ignorancia, no hay nada tras ellas... y Dios sí jugaría a los dados. Por ello Alain Aspect recibió el Premio Nobel cuarenta años más tarde, en 2022.[98]

El epígrafe de Heisenberg que encabeza el capítulo refleja muy bien la extrañeza que todo ser racional, es decir, «clásico», siente ante la mecánica cuántica. El de Schrödinger describe su actitud ante lo cuántico, pero también, metafóricamente, su agitada vida personal, con sus claroscuros.

En junio del año 2025 tuvo lugar un congreso en la isla de Heligoland para celebrar el nacimiento de las teorías cuánticas definitivas asociado a la visión de un joven Heisenberg, cuando pasó —justo cien años antes— unas semanas en la isla por motivos de salud. Una cuarta parte de los algo más de 50 conferenciantes en ese congreso son protagonistas de este libro.

---

98. Bell falleció relativamente joven, inesperadamente, justo cuando lo propusieron para el Premio Nobel. Resolvió magistralmente y con gran amabilidad algunas dudas del autor durante sus ya mencionadas estancias en el CERN.

8

De la antimateria de Dirac
a la electrodinámica cuántica de Feynman
(1928-1948)

«Entiendo una ecuación cuando, sin resolverla, puedo predecir las propiedades de sus soluciones». (P. DIRAC)

«¡Enamórate de alguna actividad y hazla! Nadie descubre nunca el sentido de la vida, y eso no importa. Explora el mundo. Casi todo es realmente interesante si profundizas lo suficiente». (R. FEYNMAN)

Dirac no había acabado, estaba lejos de tener treinta años.[99] Su siguiente objetivo fue crear la **mecánica cuántica relativista**, la mecánica cuántica en un espacio de Lorentz y coherente con la relatividad especial de Einstein. Ya había habido intentos, pero crearon serios problemas. Dirac encontró la solución para el electrón,

---

99. *Age is, of course, a fever chill / That every physicist must fear. / He's better dead than living still / When once he's past his thirtieth year.* El poemita de Dirac, que en traducción aproximada dice: «La edad es, por supuesto, un febril escalofrío / Que todo físico debe temer. / Es mejor estar muerto que seguir con brío / Cuando uno la treintena ha dejado de tener», es algo sorprendente, ya que sus contribuciones a la física teórica en edad ya bastante avanzada continuaron siendo importantes, aunque es cierto que ya no fueron tan innovadoras como las que hizo antes de cumplir los treinta años.

149

aunque con una sorpresa: eran cuatro ecuaciones, no una, pero acopladas. Introduciendo unas matrices, conocidas como matrices de Dirac, se pueden escribir como una sola ecuación, pero en la que la función de onda tiene cuatro componentes. En esta ecuación aparece la combinación mc/h, que es la expresión inversa de longitud de onda de Compton, (6.1). Dos componentes eran bienvenidas, puesto que describían las dos componentes independientes del espín del electrón (o protón o neutrón), pero... ¿y las otras dos? Dirac estaba tan convencido de la corrección de su ecuación, por lo bella que era, que buscó insistentemente una interpretación de estas dos componentes extra, que, además, tenían la particularidad de ser de energía negativa. ¡Una partícula libre de energía negativa desafiaba toda la física conocida, la cuántica incluida!

El resultado de estos esfuerzos llegó en 1930 y fue la siguiente interpretación: como el principio de exclusión de Pauli prohíbe tener dos electrones en el mismo estado, los estados de energía negativa están todos ocupados con electrones, no quedando ninguno libre. Esto se denomina el «mar de Dirac» y representa el vacío —estado sin electrón y de mínima energía— en esta teoría. Cuando, mediante una colisión, se consigue desalojar uno de los electrones que ocupa un estado de energía negativa, este pasa a ocupar necesariamente uno de energía positiva y deja un hueco[100] en el mar de Dirac. Pero ¿qué es entonces el hueco? Resulta que la falta de una partícula de carga eléctrica negativa y energía negativa no se puede distinguir físicamente de la presencia de una de carga eléctrica posi-

---

100. El concepto de hueco juega un papel esencial en la teoría de los materiales semiconductores, base de los transistores (por los que John Bardeen, William Shockley y Walter Brattain recibieron el Premio Nobel en el año 1956), y por ende de los *chips*, así como de una gran parte de la economía moderna. Para Bardeen fue solo el primer Premio Nobel.

tiva y energía positiva y con la misma masa y espín ½ (aunque con componente del espín opuesta). Así llegó la **predicción de la existencia de antimateria**, otro de los hitos del siglo cuántico. A estos antielectrones de carga positiva se los bautizó **positrones**. Fueron detectados experimentalmente por Carl Anderson en el año 1932 al observar rayos cósmicos, producidos en la estratosfera, la parte relativamente alta —por encima de la troposfera— de la atmósfera, por colisión de radiación cósmica con moléculas atmosféricas, recibiendo por ello el Premio Nobel en el año 1936. Comprobó sus resultados haciendo incidir rayos γ sobre un material, creando así pares de electrón y positrón. Posteriormente se demostró que cada tipo de partícula, bosón o fermión, tiene su antipartícula, con la misma masa y carga opuesta. Nótese que la masa de las antipartículas no es negativa, no conocemos partículas con masa negativa, algo que conduciría a paradojas, como poco, al nivel de la de la segunda ley de Newton.

La existencia de antimateria lleva inmediatamente a preguntarnos por qué el Universo parece estar formado por materia y no por antimateria. Para no entrar en elucubraciones, y suponiendo que ello sea cierto, mejor es responder claramente: no lo sabemos.

Algo más cercano a nosotros está el desarrollo del bien conocido instrumento de imagen médica, la tomografía por resonancia magnética, el **PET (Positron Emission Tomography)**, que se basa en la creación de pares de fotones al aniquilarse un positrón —producido por la desintegración de un isótopo de flúor radiactivo de una molécula de azúcar fluorado— con un electrón de nuestro cuerpo.

Estos pares de fotones se detectan dando unas imágenes muy precisas de dónde consume azúcar nuestro cuerpo. Muchísimos pacientes de cáncer han sobrevivido gracias a esta detección precoz y localizada de células patológicas, que para crecer y dividirse

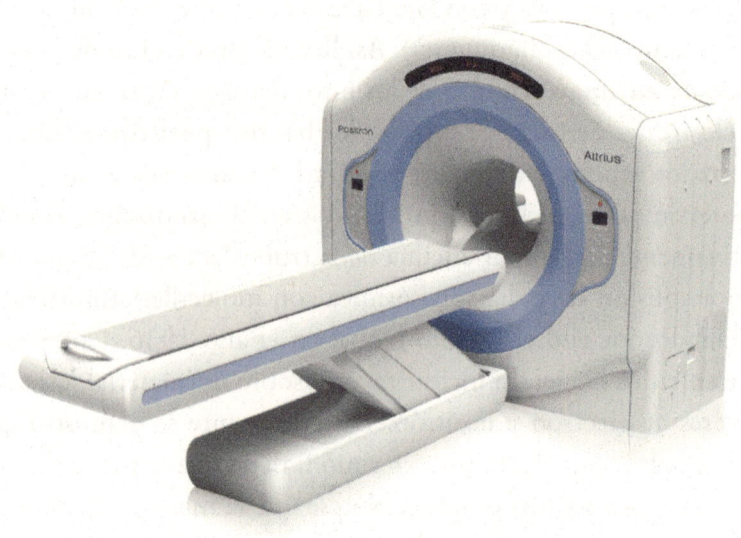

Máquina de PET (Positron Emission Tomography).

necesitan consumir azúcares, por lo que el flúor radiactivo es retenido allí donde ellas estén.

Una vez descubierto el positrón, fue evidente que el principio de incertidumbre energía-tiempo, (7.2), permitiría la rápida aparición y desaparición en el vacío, por aniquilación de materia con antimateria, de pares electrón-positrón, que llamamos **pares virtuales**, ya que estos pueden tener todas las características del vacío: carga y espín, ambos nulos.[101] Pero también los fotones, que son sus propias antipartículas, pueden aparecer y desaparecer por pares, virtualmente. Así nace una de las ideas más fecundas de la física cuántica: el **vacío cuántico con sus fluctuaciones energéticas**.

---

101. Dos partículas de espín ½ se pueden entrelazar en un estado de espín 0.

Una consecuencia sencilla del vacío cuántico es el **efecto Casimir**, por el que dos placas paralelas metálicas no cargadas se atraen, algo muy sorprendente. Ello se puede interpretar como resultado de la aparición brevísima de pares de fotones virtuales, que ahora estarían constreñidos en sus características por las dos placas, por lo que hay menos pares, dando lugar así a una sobrepresión en las placas debida a las fluctuaciones del vacío externas a ellas. La fuerza por unidad de área resulta ser proporcional a «hc» e inversamente proporcional a la cuarta potencia de la distancia entre las placas (el apéndice B permite comprobar la corrección dimensional de esta ley). Es un efecto macroscópico, consecuencia de la estructura cuántico-relativista del vacío, propuesto por Hendrik Casimir (1909-2000) en el año 1948. Fue discípulo de Ehrenfest, quien, a su vez, hizo la tesis doctoral con Boltzmann y, como este, se suicidó.

En el capítulo 6 mencionamos las emisiones espontáneas y estimuladas de fotones por átomos en estados excitados por absorción de radiación electromagnética, es decir, cuando hay electrones que no están en las órbitas de más baja energía permitida, compatibles con el principio de exclusión. Pero estos estados excitados son estados estacionarios —que no cambian cuando transcurre el tiempo— en la mecánica cuántica no relativista. Entonces, ¿cómo es que decaen espontáneamente, cayendo el electrón a su órbita de energía inferior, emitiendo un fotón? Las fluctuaciones cuánticas del vacío, en este caso en forma de fotones virtuales, permiten hacerse una imagen de lo que ocurre, pues estimulan, como lo hace una radiación electromagnética real, la emisión de un fotón, gracias a la estadística de Bose-Einstein. Como los fotones virtuales de las fluctuaciones cuánticas del vacío son isótropas, es decir, no tienen direccionalidad, así es la emisión espontánea.

Pero la ecuación de Dirac, tras sus éxitos iniciales, como demostrar que el espín es necesario e inevitable y de origen a la vez cuántico y relativista, y dar para el electrón el valor correcto (con la precisión del momento) del momento magnético asociado al espín del electrón,

$$\mu = eh/4\pi m \quad (8.1),$$

llamado magnetón de Bohr, μ_B, no supo dar respuesta a muchas de las cuestiones aún abiertas. Una combinación de otros factores, como la mayor precisión de los experimentos y la aparición de aceleradores de partículas de energías cada vez mayores, con la subsiguiente creación de partículas —muchas de ellas nuevas— llevó a Dirac a ir más allá en su búsqueda de una teoría cuántica y relativista, empezando por las absorciones y emisiones de fotones estudiadas por Einstein unos años antes (capítulo 6).

Fue hacia el año 1930 cuando varios de los físicos europeos, pero especialmente Fermi, con su conocido curso, y uno norteamericano, Robert Oppenheimer (1904-1967), quien, tras haber obtenido su título de doctor en Gotinga, volvió definitivamente a América, llevaron las primeras ideas de la Mecánica cuántica relativista y de la posterior teoría cuántica de campos a los EE. UU. En particular, Oppenheimer introdujo y divulgó las nacientes ideas en su país natal. El centro de gravedad de la física cuántica y de la relatividad se desplazó así pues a América, de forma más definitiva a partir de 1933 y, aún más, durante la última guerra mundial.

Muchos de los físicos mencionados hasta aquí participaron en la creación de las **teorías cuánticas de campos**, que requirió una **segunda cuantización**, de mayor complejidad matemática, por la que los campos electromagnéticos y las funciones de onda del electrón pasaron a ser operadores llamados **campos cuantizados**, capaces de crear partículas —el fotón y el electrón, respectivamente— y de aniquilarlas al actuar sobre el estado de una de ellas. Así se llegó, hacia el año 1948, con el esfuerzo de muchos, de la mano de Hans Bethe, Julian Schwinger, Shin'ichiro Tomonaga, Richard Feynman y Freeman Dyson, a la primera teoría cuántica de campos correcta y relevante, puesto que describe todo lo que sabemos de los electrones, de los positrones y de los fotones y de sus interacciones, y de los átomos (pero no de sus núcleos). Este trabajo revolucionario mereció el Premio Nobel para Feynman, Schwinger y Tomonaga en el año 1965. Esta teoría se llama **electrodinámica cuántica**, conocida por sus siglas en inglés, **QED (Quantum Electrodynamics)**. Su precisión es increíble y su coincidencia con los datos experimentales lo es aún más.

Para llegar a la electrodinámica cuántica se tuvo que introducir el campo electromagnético cuantizado, el que es capaz de crear y destruir fotones, mediante una nueva simetría matemática llamada **simetría de gauge**,[102] simetría que jugará un papel esencial para entender las interacciones aún no entendidas, es decir, las dos nucleares, débil y fuerte. La **conservación de la carga eléctrica** es una consecuencia de esta simetría, como ya había descubierto Hermann Weyl (1885-1955). Nunca un experimento ha detectado una violación de esta ley de conservación de la carga. El Universo debe ser neutro eléctricamente; si no fuese así, las fuerzas coulombianas entre cargas dominarían sobre la gravitación, que es mucho

---

102. La palabra original, debida a Hermann Weyl, cuando introdujo un campo electromagnético en la gravitación general de Einstein, fue *Eichinvarianz. Eichen* significa en alemán «contrastar», «aforar», «calibrar», pero se ha impuesto la expresión inglesa, *gauge,* que significa «medir», «calibrar», «estimar».

más débil, y todas nuestras ideas sobre Cosmología —basadas en miles de observaciones— resultarían falsas.

Como la constante de estructura fina, α,[103] dada en (4.2), que combina las tres constantes que caracterizan QED, es pequeña comparada con la unidad, se pudieron hacer cálculos en desarrollos en α, llamados perturbativos, de complejidad exponencialmente creciente, pero de precisión igualmente creciente. El resultado de estos cálculos son series en α, α^2, α^3 y así sucesivamente. De esta forma, el momento magnético del electrón ha sido determinado experimentalmente con una precisión de una parte en 10 billones:

$$\mu = 1{,}001\ 159\ 652\ 180\ 6\ \mu_B \quad (8.2),$$

donde la cifra 6 final podría ser 5 o 7, y se ha utilizado el magnetón de Bohr como unidad. La teoría da

$$\mu = 1{,}001\ 159\ 652\ 181\ 6\ \mu_B \quad (8.3),$$

donde la cifra 6 final está realmente entre 4 y 8. La discrepancia entre la teoría y el experimento es de una parte en un billón. Las cifras que vienen después de los dos ceros sucesivos son el resultado de los cálculos con QED, es decir, con **partículas virtuales**. Es una de las concordancias entre teoría y experimento más espectacular de la física y, de hecho, de todas las ciencias.

La formulación de Feynman de la QED, basada en su formalismo de integrales de camino, que permite una visualización de lo que ocurre en términos de los diagramas de Feynman, con

---

103. El lector sabrá distinguir por el contexto cuándo α representa la radiación así llamada, es decir, el núcleo de He^4, y cuándo la constante adimensional que caracteriza la fuerza del electromagnetismo.

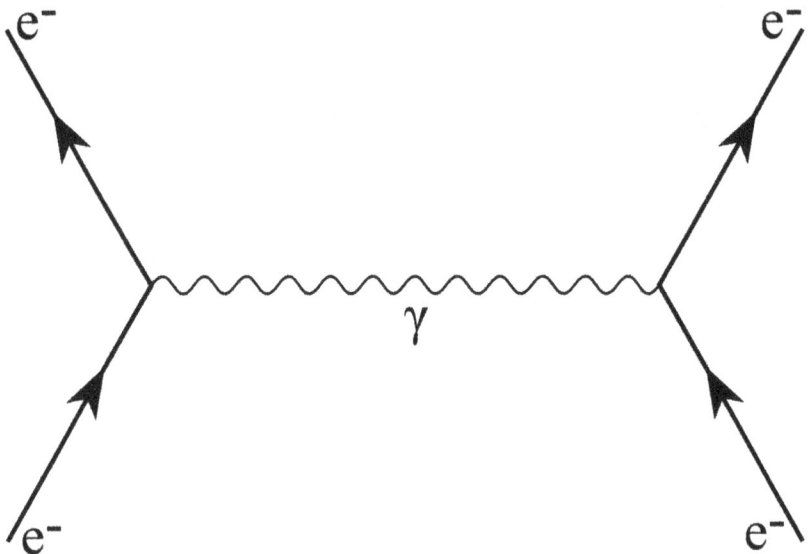

Diagrama de Feynman ilustrando la interacción entre dos electrones producida mediante el intercambio de un fotón.

líneas rectas, que representan los electrones y los positrones, y onduladas, que representan el fotón, se impuso entre los físicos teóricos. Incluso entre expertos ayuda el visualizar la complejidad matemática. El fotón es una **partícula de gauge**, ya que su origen está en esta simetría. La simetría impone que la partícula de gauge no tenga masa. No será la única partícula de gauge, pero es el modelo de todas las demás. Se entienden así las interacciones electromagnéticas como debidas al intercambio del fotón, al menos en una primera aproximación. Esto es evidente cuando se quiere calcular el diagrama de Feynman más sencillo de la colisión de dos electrones, pero lo es menos cuando se trata de la colisión de un electrón y un positrón. En este caso contribuyen a ello dos diagramas de Feynman, uno similar al de la colisión de dos electrones, en el que intercambian un fotón, y otro nuevo, en el que el electrón y el positrón se aniquilan generando un fotón virtual, el cual se desintegra en un nuevo par electrón-positrón. Las partículas virtuales no cumplen la relación entre la energía y el momento lineal dada por (A.3) y así no se pueden observar como partículas reales.

La fuerza de Coulomb entre dos cargas eléctricas, (B.1), se puede deducir fácilmente, en el límite no relativista, de los diagramas de intercambio de un fotón, dando la dependencia de la distancia $1/r^2$, debida a que el fotón no tiene masa. Partículas de gauge sin masa dan lugar a interacciones de largo alcance, y por ello conocidas clásicamente.

Durante los cálculos perturbativos que permitieron obtener estos resultados, aparecieron infinitos asociados a los diagramas de Feynman que contenían bucles cerrados, que se tuvieron que cuantificar por un procedimiento que se llama regularización, y que se puede entender como la introducción de una distancia mínima o —equivalentemente— de una energía máxima. Entender cómo trabajar con estos infinitos y cómo eliminarlos necesitó el esfuerzo de muchos, y condujo a lo que se denominó la **teoría de la renormalización**. La idea es la siguiente: se hacen depender las constantes específicas que aparecen en la electrodinámica cuántica, es decir, m y e, pero no h y c, de la distancia mínima, de tal forma que esta se pueda eliminar al final del cálculo de una magnitud observable, dando un resultado finito en función de lo que se llama la masa y la carga renormalizadas, que se determinan experimentalmente. Se vuelve a la idea de Heisenberg: solo los observables importan, y solo ellos deben ser finitos. Esta fijación de su valor se hace con resultados experimentales obtenidos a una cierta energía, pero, cuando se predice el mismo proceso físico a otra energía, todo ocurre como si las constantes renormalizadas dependieran de la energía, es decir, no siendo constantes. Se las llama masa y carga «corrientes», de «correr». Así, a la elevada energía correspondiente a la masa del bosón Z, 91 GeV (véase el apéndice B, T.5), del que hablaremos en el capítulo 10, la constante de estructura fina —que es proporcional a la carga eléctrica del electrón al cuadrado— ha aumentado al valor 1/127. Recuérdese que, a bajas energías, típicas de los átomos, tenía el valor 1/137 (ver 4.2).

Una forma de entender este fenómeno es con la ayuda de los electrones y positrones virtuales característicos de las fluctuaciones cuánticas del vacío, que apantallan la carga del electrón real, al atraer este los positrones virtuales y repeler los electrones virtuales. Así, a muy altas energías, cuando se observa el electrón de muy cerca, el apantallamiento deja de ser efectivo y la carga eléctrica va aumentando sin acotación, volviendo a aparecer un infinito. Una posible solución a este nuevo problema, que Landau y sus colegas estudiaron,[104] vino posteriormente y de forma inesperada, de la mano de las interacciones nucleares débiles, mediante la unificación con ellas. Pero quizás todo ello indique simplemente que la teoría de perturbaciones tiene sus límites, algo que es cierto.

Con todo esto no es de extrañar que el procedimiento de renormalización, y el grupo de renormalización asociado, divida a la comunidad de los físicos teóricos entre aquellos que ven en ello algo nuevo y significativo y aquellos que lo ven como un problema —el de los infinitos que aparecen— mal resuelto. Kenneth

---

104. Hay otra forma de interpretar el problema, conocida como «el cero de Moscú», que entiende que la QED funciona extraordinariamente bien hasta una cierta energía muy elevada, o, equivalentemente hasta una distancia mínima minúscula, y que, si se insiste en continuar más allá, solo tiene sentido como una teoría «trivial», es decir, sin interacción.

Wilson (1936-2013, PN 1982), perteneciente al primer grupo, desarrolló la aplicación de estas interesantes ideas a la materia condensada y sus transiciones de fase.

En el fondo, la QED es una teoría cuántico-relativista del vacío electromagnético, puesto que las partículas virtuales sobre las que se construye se encuentran en él en forma de fluctuaciones cuánticas, como comentamos en el capítulo anterior, en el contexto del principio de incertidumbre energía-tiempo.

La QED explica fenómenos sorprendentes, como las colisiones de fotones con fotones, llamadas colisiones de Delbrück, gracias al intercambio de electrones y positrones virtuales. Max Delbrück (1906-1981) dejó en un momento de su vida la física cuántica para pasar a la biología molecular, recibiendo después de unos años el Premio Nobel de Fisiología y Medicina. Fue uno de los varios físicos que hicieron esta transición para recibir Premios Nobel en su nueva disciplina.

En el estudio de las colisiones, la ley de **conservación del momento lineal** juega un papel tan importante como la ley de la conservación de la energía. Gracias al teorema de Noether sabemos que esta ley de conservación es debida a la **homogeneidad del espacio**, al hecho de que la física no depende de dónde la estemos estudiando, o, en otras palabras, a la invariancia de sus ecuaciones bajo traslaciones en el espacio. Hay aún otra ley de conservación, la del momento angular, que es debida a la isotropía del espacio, al hecho de que la física no depende de la orientación del experimento, a la invariancia bajo rotaciones. El espín es como un gemelo nanoscópico del momento angular, intrínseco de la partícula, y ambos tienen dimensiones de acción, las mismas que las de la constante de Planck.

La Segunda Guerra Mundial supuso un importante hiato en el progreso de la investigación de los fundamentos últimos de la naturaleza, ya que muchísimos de los más destacados físicos pasaron a trabajar en el desarrollo de tecnologías de uso militar.[105] La bomba nuclear de fisión, sea de uranio enriquecido o de plutonio, y la instrumentación efectiva del radar, son ejemplos bien conocidos. Sobre si esto es moralmente aceptable o no hay una gran diversidad de opiniones. Toda tecnología es de uso dual, nos ayuda a vivir mejor, pero también puede usarse para destruir y agredir.[106] Al final es un problema de cuantificación y de probabilidades, demasiado difícil para tratarlo científicamente, es decir, objetivamente, por lo que es la ideología —con sus sesgos— o la ética —con su contexto cultural— las que se imponen. En cualquier caso, nunca se parará el progreso científico-tecnológico por razones morales, por lo que algunos consideran todo este debate de carácter metafísico. Donde sí se debe actuar es en el control del uso que se le da a una nueva tecnología, algo fácil de decir, pero muy difícil de realizar.

---

105. Muchísimas guerras, desde los albores de la historia, han impulsado el desarrollo de nuevas tecnologías.

106. Otro ejemplo son las síntesis catalíticas desarrolladas por Fritz Haber y Carl Bosch, que sirvieron para desarrollar el proceso de Haber-Bosch de síntesis del amoniaco a partir del nitrógeno atmosférico, esencial para la producción de fertilizantes, gracias a los cuales se puede alimentar a más de la mitad de la población mundial. Pero Haber también sintetizó los gases tóxicos utilizados durante la Primera Guerra Mundial. Haber y Bosch recibieron, separadamente, el Premio Nobel de Química.

9

La posguerra, años de difícil progreso
y de complejidad creciente.
La rotura de las simetrías discretas: Lee y Yang (1956)

«Pauli me preguntó sobre lo que estaba ocurriendo en América. Le conté que la señora Wu estaba intentando medir si la paridad se conserva. Me contestó: "La señora Wu está perdiendo el tiempo. Apostaría una gran suma a que la paridad se conserva"». (Narrado por Victor Weisskopf)

«Discutimos acaloradamente la cuestión de saber cuánta cultura occidental conviene traer a China». (C. N. Yang)

Mientras se construía la electrodinámica cuántica en las décadas de los años 30 y 40, el otro gran reto era entender los núcleos atómicos, una vez que quedó claro que estaban formados por protones y neutrones. ¿Qué los mantenía unidos, qué causaba su desintegración, y, en particular, la desintegración β? Fueron dos décadas de gran confusión, en las que el progreso llegó paso a paso, y en las que aparecieron muchas nuevas partículas, que inicialmente aumentaron todavía más la confusión.

Las partículas conocidas a mediados de los años 30 eran el electrón y el positrón, ligeras y de idéntica masa, el neutrino ligerísimo o de masa nula, el protón y el neutrón, mucho más pesados

165

y de masa casi idéntica, llamados colectivamente **nucleones**, todas de espín ½, y el fotón, de masa nula y espín 1. Las ligeras se denominaron más tarde **leptones** (del griego *leptós,* fino, delgado); las pesadas, **bariones** (del griego *baris,* pesado), y el fotón quedó como una partícula singular, hasta que se le entendió como partícula de gauge, es decir, partícula cuyo intercambio es la causa de la interacción electromagnética, que, debido a su masa nula, es de largo alcance, como ya se ha dicho.

En esos años Fermi explica las desintegraciones β, mostrando que se trata de una nueva interacción e, introduciendo la idea de **segunda cuantización**, que permite la **creación y aniquilación de partículas**, aclara que los electrones que emergen de la desintegración del núcleo, de hecho, de un neutrón del núcleo, no «existían» en el núcleo, sino que son creados espontáneamente. Pero aún quedaba un largo recorrido hasta entender completamente estas interacciones nucleares débiles.

Al mismo tiempo, Heisenberg ataca el problema de la otra fuerza nuclear, aunque lo hace aún en el marco de la mecánica cuántica no relativista, dándose cuenta de que las fuerzas nucleares entre dos protones no podían ser muy distintas de las mismas fuerzas entre dos neutrones, es decir, que estas nuevas fuerzas debían ser independientes de la carga eléctrica. Esta independencia condujo a Heisenberg a introducir una nueva magnitud cuántica, el **isospín**, y una nueva simetría asociada al isospín. Es una simetría interna —la primera—, ya que actúa en el espacio de las componentes de isospín del protón y del neutrón. Del sistema de dos nucleones, solo el de un protón y un neutrón tiene una atracción suficiente, no amortiguada por el principio de exclusión, para formar un núcleo estable, llamado deuterón. El átomo correspondiente, un isótopo del hidrógeno, se llama deuterio. El agua cuya molécula tiene un átomo de deuterio, es decir, de fórmula química HDO, se llama agua semipesada. Una de cada tres mil moléculas de agua marina es semipesada. Esta proporción corresponde, por cierto, a la de los deuterones producidos en el corto periodo de nucleosíntesis que ocurrió inmediatamente después del Big Bang. El deuterio extraído del agua semipesada se utiliza en los distintos ensayos y prototipos de fusión nuclear que se están desarrollando en los países tecnológicamente más avanzados. Desde finales de la última guerra mundial se utiliza también el agua pesada, D_2O, como moderador en las centrales nucleares de fisión de uranio, porque ralentiza los neutrones sin absorberlos, lo cual aumenta la efectividad de la reacción en cadena.

Independientemente de estos desarrollos, se midieron en estos años los momentos magnéticos del protón y del neutrón, que en unidades de magnetones nucleares (magnetón de Bohr, pero sustituyendo la masa del electrón por la del protón) resultaron ser 2,8 y -1,9 respectivamente, lejos del valor 1 y 0 que la mecánica cuántica relativista —la ecuación de Dirac— predecía. Esto supuso que un nuevo marco teórico era necesario, y que los nucleones no parecían ser partículas elementales. En esos años, ningún modelo permitió entender cuantitativamente estos valores de los momentos magnéticos de los nucleones.

Finalmente, y también en el primer lustro de este periodo, Hideki Yukawa (1907-1981, PN 1949) introdujo la idea de explicar la interacción nuclear fuerte como debida al intercambio de una partícula con masa, intermedia entre la de los leptones y la de los bariones, y que por ello da lugar a una interacción de corto alcance, el característico de las distancias nucleares. La forma de la fuerza coulombiana, debida al intercambio de un fotón y por ello proporcional a $1/r^2$, queda modificada multiplicándola por una exponencial, resultando así proporcional a

$$e^{-2\pi mcr/h}/r^2 \quad (9.1),$$

siendo m la masa de la partícula intercambiada, posteriormente denominada **mesón de Yukawa**.[107] El término **mesón** indica que la masa es intermedia entre la de los leptones y la de los bariones. Los mesones y los bariones son las partículas que interaccionan fuertemente, y se llaman colectivamente **hadrones** (del griego *hadros,* fuerte, robusto). Esta interacción es así de corto alcance, puesto que decae rápidamente de forma exponencial, al ser negativo el exponente.

El año en el que Anderson recibió el Premio Nobel, 1936, descubrió, con Neddermeyer, otra partícula en la radiación cósmica, que posteriormente se denominó muon. Al principio se creyó que era el mesón de Yukawa, pero pronto se vio que no interactuaba fuertemente, por lo que no podía serlo. Era esta partícula en todo idéntica a un electrón, solo que unas 200 veces más pesada, y se desintegraba en un electrón y dos neutrinos, con una vida media de un par de microsegundos, μs. Dejó a la comunidad física boquiabierta, como bien expresó Isidor Isaac Rabi, premio Nobel en el año 1944 y colaborador de Oppenheimer,[108] esencial en el

---

107. Nótese la presencia en el exponente de la misma combinación mc/h que aparece en la ecuación de Dirac, inversa de la longitud de onda de Compton.

108. Otro colaborador de Oppenheimer en el desarrollo de la bomba nuclear fue Luis W. Alvarez (PN 1968), de abuelo español, físico polifacético, más conocido por proponer el impacto de un asteroide como la explicación de la desaparición de los dinosaurios hace 65 millones de años, hoy ampliamente aceptada como acertada.

proyecto Manhattan, cuando dijo: «¿Quién ha pedido esto?». Tuvieron que pasar otros diez años antes de descubrir otra partícula, también producida por rayos cósmicos, el **pion**, ligeramente más pesada que el muon —y también inestable—, pero que sí interactuaba fuertemente y que se identificó como la partícula de Yukawa, con la masa adecuada para explicar el alcance de las fuerzas entre nucleones. Aunque proporcionó un momento de euforia, pronto se entendió que todo era aún mucho más complicado, debido, entre otras razones, a que la constante que falta en la expresión (9.1) y que cuantifica la intensidad de esta fuerza resultó ser tan grande que ningún calculo perturbativo —los únicos que se sabían hacer entonces— tenía sentido.

Hay tres piones, de carga eléctrica positiva, nula y negativa, y de casi igual masa. Se relacionan entre ellos por la simetría de isospín, que se introdujo para relacionar el protón y el neutrón, también de masa casi igual.

En los años de la posguerra se empezó a reemplazar la observación de los rayos cósmicos por la utilización de los haces de partículas producidos por aceleradores, y por ello, controlados, lo que permitió sustituir la observación aleatoria por la experimentación metódica y sistemática. Las experiencias y los avances tecnológicos de la guerra facilitaron muchísimo el desarrollo de los aceleradores, particularmente en los EE. UU. Ernest Lawrence (1901-1958, PN 1939) lideró esta actividad tecnológica, gracias a su amplia experiencia en el proyecto Manhattan. Así nacieron los primeros **ciclotrones y sincrotrones**. Los retos tecnológicos de los aceleradores circulares, que permiten utilizar repetidamente los mismos campos eléctricos para acelerar más y más las partículas cargadas, son de una sutil complejidad. Pero sin ellos prácticamente todo lo que vino después no se habría descubierto. En Europa, solo unos

Una sección interior del LHC que muestra la sucesión de imanes superconductores que alojan en su interior los tubos por donde discurren los haces de protones.

años más tarde, se puso en marcha el **CERN**, por iniciativa de los países vencedores de la contienda, pero incluyendo a Alemania e Italia. Los éxitos del CERN han proporcionado un ejemplo único de lo que una Europa unida es capaz de hacer en ciencia. Algo más tarde aparecieron los primeros sincrociclotrones, en Berkeley (EE. UU.), en Dubna (URSS) y en el CERN, Ginebra, y algunos otros más en los EE. UU., que tienen en cuenta los efectos relativistas, necesarios ya que aceleraban los protones de sus haces hasta energías cinéticas cercanas y superiores al equivalente de su masa.

Después de la guerra se descubrieron los **kaones**, aún en rayos cósmicos, uno cargado positivamente y uno neutro, y sus antipartículas. Se producen en procesos debidos a las interacciones fuertes, pero solo se desintegran gracias a las interacciones débiles.

Esto llevó a la introducción de un nuevo número cuántico, la **extrañeza**, término adecuadamente escogido dadas las propiedades sorprendentes de este nuevo grupo de mesones, cuya masa es algo superior a la mitad de la masa del protón. La extrañeza junto con el isospín dieron lugar a una simetría nueva denominada SU(3) —por poderse describir con matrices unitarias de dimensión 3—, introducida por Murray Gell-Mann e, independientemente, por Yuval Ne'eman. Esta simetría interna generaliza la de Heisenberg del isospín y relacionaba las partículas conocidas, como, por ejemplo, los ocho mesones más ligeros: los tres piones, los cuatro kaones y la partícula eta —todas de espín 0 y paridad negativa—, permitiendo también la predicción de partículas todavía no descubiertas, ¡y la de sus masas! Lo mismo ocurrió con los bariones. Estaba pasando algo parecido a lo que hizo Mendeléiev con los elementos químicos, los átomos: se estaba poniendo orden en el colectivo de partículas, que iba creciendo sin parar, reconociendo en ellas ciertos patrones matemáticos. Pero aún no se había llegado a explicar adecuadamente, algo faltaba, algo que jugara el papel de la mecánica cuántica cuando esta explicó la tabla periódica de Mendeléiev.

El sistema del estado del kaón neutro y el estado de su antipartícula, que solo se distinguen por la extrañeza (+1 y -1 respectivamente), permite —al no conservarse esta en las interacciones débiles— superposiciones cuánticas de los dos estados. Estas superposiciones dan lugar al K_L, el kaón neutro largo, y al K_S, el kaón neutro corto, que se desintegran —respectivamente— lentamente en tres piones (entre otras desintegraciones) y, rápidamente, en dos piones. Y por si esta sorprendente superposición cuántica entre estados de partículas en principio distintas fuese poco, varios fenómenos aún más extraños aparecieron en este sistema de los kaones neutros.

Hemos hablado hasta aquí de simetrías continuas —que ocurren en el espacio y en el tiempo—, de simetrías de gauge —relacionadas con las fases—, de simetrías internas como SU(3) —relacionadas con los números cuánticos—, pero no de las simetrías discretas asociadas al espacio y al tiempo. La primera es la paridad, que corresponde a estudiar la física utilizando un espejo en las observaciones. La física clásica es indistinguible al hacer este cambio, pero en la física cuántica puede haber un cambio de signo en la función de onda al aplicar sobre ella esta operación de paridad: se dice entonces que el sistema tiene paridad negativa. Resulta que tanto los piones como los kaones tienen todos espín nulo y paridad negativa, por lo que en algunas de las desintegraciones mencionadas en el párrafo anterior necesariamente la **paridad no se conserva**, es decir, el estado final tiene paridad positiva, aunque el inicial la tenga negativa. Este inesperado resultado fue predicho en el año 1956 por dos físicos chinos que trabajaban en los EE. UU.: T. D. Lee (1926-2024, PN 1957) y el autor de uno de los epígrafes, C. N. Yang (1922-2025, PN 1957).[109] Recibieron el Premio Nobel solo un año más tarde, los primeros científicos de origen chino en recibirlo, en el año 1957, después de que C. S. Wu hiciera el experimento crucial propuesto por Lee y Yang.[110] La señora Wu no recibió el Premio Nobel —una mujer experimental

---

109. Tsung Dao y Chen Ning, aunque en Occidente se les conoce como TiDi y Frank. Al empezar mi estancia posdoctoral en el CERN en el año 1974, le pedí a Lee que leyera y criticara mi primer manuscrito redactado allí. Aceptó y me dijo que volviera en una semana. Cuando volví, alabó con amables palabras durante unos minutos mi trabajo para luego demostrarme que era más bien mediocre. No lo envié para publicar. Una evaluación así de un premio Nobel no me animó en mi primera experiencia de investigador posdoctoral, pero aprendí a ser más autocrítico.

110. Eran notorias sus discusiones en chino, a grito pelado, en los Brookhaven National Laboratories, EE. UU., tanto es así que sus colegas no estaban seguros de si se trataba de física o de algo más personal.

no pareció ser comparable a dos hombres teóricos—, pero recibió el primer Premio Wolf de la historia en el año 1978. Los Premios Wolf —en honor del filántropo Ricardo Wolf y otorgados en seis disciplinas por Israel— se consideran, en física, la antesala al Premio Nobel: más de la mitad de los galardonados recibieron posteriormente el Nobel.[111] La violación de la conservación de la paridad solo ocurre en las interacciones nucleares débiles y es la máxima posible.

Yang[112] construyó más tarde con Mills las **teorías denominadas de Yang-Mills**, teorías que tienen una simetría de gauge, pero de tipo no abeliano, es decir, basada en operaciones de simetría que no conmutan, en·las que el cambio del orden altera el resultado. Son la base de las teorías definitivas de las interacciones nucleares fuertes y débiles. La simetría de gauge de la QED se denomina abeliana —en honor a Niels Henrik Abel (1802-1829)— porque el cambio del orden de las operaciones de simetría no altera el resultado.

Fue Eugene Wigner,[113] cuñado de Dirac, y que, por cierto, dijo de Feynman que era un «segundo Dirac», quien había introducido

---

111. Los Premios Fronteras del Conocimiento de la Fundación BBVA, y seleccionados en colaboración con el CSIC, no les van muy a la zaga a los Wolf en correlacionarse con uno Nobel posterior. Se les puede considerar, sin rubor, el «Nobel español».

112. Renunció a la nacionalidad norteamericana en el año 2015 para integrarse en la prestigiosa Academia de Ciencias de China, adonde se trasladó. La noticia de su fallecimiento, a los 103 años, nos llegó revisando las galeradas de este libro.

113. Wigner, junto con Edward Teller, padre de la bomba de hidrógeno, Szilárd, ya mencionado como redactor de la carta de Einstein, y Von Neumann, considerado por todos el más profundo de ellos, forma parte de la crema de los científicos húngaros de raíz judía formados en Alemania y que acabaron todos trabajando en los EE. UU. Eran conocidos como los «marcianos», quizás por el fuerte acento húngaro de su inglés, o porque se hubiese sugerido que la solución a la paradoja de Fermi era que los alienígenas o «marcianos» ya estaban entre los humanos, pero que se hacían llamar húngaros.

la idea de paridad en la mecánica cuántica, y quien había comentado que no tiene realmente un análogo en la física clásica. Y, sin embargo...

Las moléculas que existen en dos versiones, una siendo la imagen especular de la otra, se llaman quirales, ya que son como las manos, que no se pueden superponer idénticamente, por mucho que se giren. Cada una de las dos versiones se denomina un enantiómero. Las más sencillas son las que tienen un átomo de carbono en el centro, y sus cuatro enlaces se saturan con átomos o grupos atómicos distintos. Muchísimas moléculas orgánicas son quirales. Muchas de ellas giran el plano de la luz polarizada cuando esta las atraviesa, un enantiómero en sentido horario, el otro en sentido antihorario. Cuando se tiene una mezcla de los dos en cantidades iguales, llamada mezcla racémica, el plano de polarización de la luz no se altera.

Casi todas las moléculas esenciales para la vida, como los hidratos de carbono, los aminoácidos y los ácidos nucleicos, son enantiómeros de un tipo, y no del otro. ¡La vida es un ejemplo de rotura de la simetría de paridad! ¿Cómo se origina esta rotura? ¿Es debida a ciertas condiciones iniciales o tiene que ver con la única violación de paridad fundamental que conocemos, la de las interacciones nucleares débiles? ¿Sería viable una vida de paridad opuesta?

El lector de una cierta edad recordará el drama de la talidomida, un fármaco que tomaban mujeres embarazadas para evitar las náuseas y que causó el nacimiento de muchísimos bebés con malformaciones congénitas. Los científicos que descubrieron sus efectos terapéuticos lo hicieron con uno de los enantiómeros de la molécula quiral. No estudiaron más el otro, puesto que no tenía efectos terapéuticos. La industria farmacéutica produjo una mezcla de los dos enantiómeros. El otro resultó ser teratogénico.[114] Como la vida no es invariante bajo paridad, reacciona de forma diferente a los dos enantiómeros de un fármaco quiral. Así es como avanza el conocimiento científico, a veces con terribles equivocaciones a medio camino.

La paridad se puede entender también como el cambio de signo de una de las tres coordenadas del espacio, o de las tres.[115] Esto lleva, por analogía, a otra simetría discreta, la inversión temporal, el cambio de signo del tiempo. La física newtoniana y el electromagnetismo maxwelliano son invariantes bajo esta simetría, pero la termodinámica, con su segunda ley de crecimiento de la entropía, no lo es. Este tema de la irreversibilidad es muy complejo, sutil e interesante, y al que grandes científicos —como el belga de origen ruso Ilya Prigogine[116] (1917-2003, premio Nobel de Química 1977)— han dedicado su vida. Pero poco más diremos de ello por lo poco que sabemos de termodinámica fuera del equilibrio, recordando aquí únicamente que ello está relacionado

---

114. El origen de las malformaciones fue descubierto en 1961 en Hamburgo por Widukind Lenz y Klaus Knapp, este último, a pesar de su nombre y apellido, madrileño de pura cepa.

115. El lector curioso puede reflexionar sobre por qué, cuando nos miramos en un espejo, la izquierda y la derecha parecen intercambiadas, pero no la cabeza y los pies.

116. Participó muy activamente, junto al matemático René Thom en el célebre coloquio de Figueras, organizado en 1960 por Jorge Wagensberg, bajo el padrinazgo de Salvador Dalí. Fue un gran acontecimiento, que dio lugar a interesantes discusiones interdisciplinares. El documental *Dimensión Dalí. La obsesión de un genio por la ciencia,* Mediapro, 2004, ofrece una visión interesante del coloquio. A la pregunta de un periodista de *Le Figaro*: «¿Por qué tanto interés por la ciencia?», Dalí respondió: «Porque los artistas casi no me interesan. Creo que los artistas deberían tener nociones científicas para caminar en otro terreno, que es el de la unidad».

con las condiciones iniciales, con el origen del Universo —del que aún no entendemos por qué fue y cómo fue— y con su expansión.

Fue de nuevo Wigner quien introdujo la **inversión temporal** en la mecánica cuántica, al mostrar que es una operación que requiere cambiar la unidad imaginaria, i, de signo, además del parámetro tiempo, t. Es difícil imaginar cómo podríamos cambiar experimentalmente el tiempo de signo, es decir, cómo podríamos evolucionar hacia atrás en el tiempo. Pero el cambio de signo del tiempo significa que la velocidad cambia de signo, y por ello también el momento lineal. Asimismo, cambia de signo el espín. Y estos y otros cambios sí se pueden realizar y analizar experimentalmente, aunque sean difíciles de distinguir de los debidos a otras simetrías.

Mencionemos finalmente otra simetría discreta, la **conjugación de carga**, que transforma partículas en antipartículas, y por ello cambia el signo de las cargas. De hecho, solo se puede definir correctamente en el marco de las teorías cuánticas de campos, en las que, bajo condiciones muy generales, se demuestra también que la simetría de CPT —la simetría resultante de las tres operaciones de conjugación de carga, paridad e inversión temporal— conduce a una invariancia de la física, es decir, que esta no cambia.[117]

Cuando se observó la violación de la conjugación de carga, se pensó que era similar a la de la paridad, por lo que el producto de las dos, CP, podría ser una simetría exacta —sin violación—,

---

117. Las condiciones son invariancia relativista, localidad, causalidad y unitariedad. Estas últimas implican que nada puede desaparecer sin que haya alguna consecuencia, y que nada puede aparecer de la nada absoluta, *ex nihilo nihil fit*. No hay pues milagros. Una forma científica de hacer posibles los milagros sería demostrar que la física no es invariante bajo CPT. La unitariedad también implica que la información se conserva. Volveremos a ello.

pero esto resultó ser falso, como descubrieron James Cronin y Val Fitch en el año 1964, cuando se detectó una pequeña violación de CP en, cómo no, el sistema de kaones neutros. Recibieron por este trabajo experimental el Premio Nobel en 1980. La **invariancia bajo CPT** implica entonces que también la inversión temporal debe ser ligeramente violada por las interacciones nucleares débiles. Si el origen de la violación de paridad y conjugación de carga es misterioso, aún lo es más el de su producto. Las teorías cuánticas de campos que se empezaron a construir en esos años, y a las que dedicamos el próximo capítulo, incorporan estos fenómenos, pero no los explican. Volveremos a ello.

La invariancia bajo CPT implica que las masas de las partículas y de sus antipartículas son idénticas. De nuevo el resultado experimental más preciso se obtuvo en el sistema de los kaones neutros: la diferencia de masa de los dos, dividida por la masa de uno de ellos, es más pequeña que ¡una parte en un trillón!

La confirmación experimental más significativa de la invariancia bajo CPT —porque se basa en partículas muy conocidas, como el electrón y el protón— se obtuvo hace una década con los átomos de **antihidrógeno**, producidos y confinados en el CERN, átomos cuyo núcleo es un antiprotón envuelto en una órbita de un positrón, probablemente la materia, mejor dicho, la sustancia más cara que existe en nuestro planeta, estimada en unos 60 billones de euros por gramo. Se midió una transición electromagnética entre dos niveles de estos antiátomos y se obtuvo la misma frecuencia que para la misma transición del átomo, con un error menor que una parte en un billón. Recientemente se observó también que la Tierra atrae a estos antiátomos, igual que a los átomos. Definitivamente, no hay masas negativas.

10

Los quarks de Gell-Mann, la cromodinámica y la unificación electrodébil de Weinberg (1960 a 1980)

«Si alguien afirma que puede pensar y hablar de mecánica cuántica sin marearse es que no ha entendido nada en absoluto de ella». (M. GELL-MANN)

«Aunque tuviésemos mañana las leyes fundamentales de la naturaleza, continuaríamos sin entender la conciencia». (S. WEINBERG)

Las colisiones de los haces de los potentes aceleradores que se habían construido en Europa, Estados Unidos, la Unión Soviética y Japón —y observadas en los ingeniosos detectores— habían creado centenares de nuevas partículas, aunque muchas de ellas de vida media tan efímera que se las llamaba resonancias en vez de partículas. Se desintegraban tan rápidamente que apenas se podían estudiar sus características de partícula. Con ayuda de simetrías, como la del grupo SU(3) mencionada en el capítulo anterior, se podían reconocer ciertos patrones en el caos de todas estas partículas y resonancias. Estaba claro que algo faltaba para avanzar en el conocimiento de este mundo de distancias subnucleares. Por eso se construyeron aceleradores capaces de acelerar protones y electrones, y, posteriormente, sus antipartículas, a velocidades —y por tanto momentos lineales, o, equivalentemente, energías— cada vez más elevadas, porque estas últimas permitían estudiar la naturaleza a distancias cada vez más cortas.

Recordemos que a altas energías la masa de la partícula acelerada es despreciable y, de (A.5) y (A.6), se obtiene la relación entre la energía de las partículas del haz, E, y la longitud de onda asociada, λ, que corresponden aproximadamente a la distancia mínima que se puede observar:

$$\lambda = hc/E \quad (10.1).$$

Sustituyendo hc por su valor numérico (véase apéndice B, T.4), se puede escribir (10.1), designando x la distancia mínima que se puede explorar, como x (en fm) ~ 1/E (en GeV), o, en el argot de los expertos, «GeV por fm es 1». Así, para estudiar la naturaleza a distancias de un 1 % del tamaño de un nucleón (un fm) se necesitan haces de 100 GeV de energía. De hecho, (10.1) es una generalización relativista de la longitud de onda de De Broglie, (6.2).

Los haces debían ser también cada vez más intensos, tener más protones o electrones por unidad de área y tiempo, estar más focalizados, para poder tener suficientes datos —estadística—, necesarios para estudiar procesos altamente improbables, algo que ocurre frecuentemente al producirse, en estas altas energías, muchas partículas y resonancias distintas en cada colisión.

Permitiéndonos algo de eurocentrismo, solo superficialmente justificado, voy a limitarme en este pasaje a los aceleradores del CERN.[118] El mundo de los aceleradores, que pueden ser lineales o

---

118. El director general del CERN es actualmente Fabiola Gianotti, la primera mujer en el cargo. Algunos de los directores generales fueron personas fuera de lo común. Así, Carlo Rubbia, durante su mandato, solía volar

circulares, es de una complejidad y belleza tecnológica increíbles. Lo mismo ocurre con el de los detectores. También los análisis de las ingentes cantidades de datos que se producen en los detectores son de una dificultad inimaginable. Pero recordemos que, sin ellos, todas las teorías de las que ahora hablaremos no habrían tenido mucho valor, puesto que no se habrían podido verificar. Y no hay ciencia sin verificación, y sin intentar refutarla; sin ello, solo quedan las matemáticas o la metafísica.

Primero se producen los electrones o los protones a partir del hidrógeno, por rotura de los átomos. Entonces se aceleran, primero linealmente, en el Linac, Linear Accelerator, para inyectarlos en un acelerador circular. El primero de una cierta potencia en el CERN fue el Proton Synchrotron, el PS.[119] Este luego sirvió de fuente para el SPS, Super Proton Synchrotron, que a su vez inyectó sus haces (adaptado todo para acelerar electrones y positrones) en el **LEP**, **Large Electron Positron Collider** (gran colisionador de electrones y positrones). Fue —en su momento— el instrumento científico más grande y complejo del mundo. Era un colisionador, es decir, por él circulaban dos haces, uno de electrones y otro de positrones, en sentido opuesto, que se hacían colisionar frente a

---

al aeropuerto de Boston, adonde acudían sus estudiantes de Harvard, les impartía unas lecciones en una sala del aeropuerto, y luego volaba de vuelta a Ginebra. A los periodistas que querían entrevistarlo los citaba en el avión. Rubbia es, además, creyente, algo más bien excepcional en este mundo de las partículas elementales y de las altas energías.

119. Conocí a mi esposa, Maribel Ramoneda, en un vuelo de Copenhague a Barcelona en agosto de 1973, sobrevolando Ginebra. Como excusa para iniciar la conversación me acerqué a ella justo cuando sobrevolábamos el CERN. El Montblanc se veía al fondo, y le pregunté si sabía qué era esa estructura circular que se reconocía perfectamente desde 9 km de altura. Me senté a su lado para explicarle el PS, los protones, los neutrones, los electrones, piones, quarks, neutrinos... hasta que llegamos a Barcelona. Funcionó.

frente, algo que, debido a la relatividad especial, permite alcanzar energías mucho más elevadas que los aceleradores de blanco fijo. En estos, la conservación del momento lineal hace perder —en forma de momento lineal de las partículas producidas en la colisión— una gran parte de la energía del haz incidente. Pero se paga un precio: menos estadística. Hacer colisionar partículas de tamaño inferior a un fm, una milbillonésima parte de un metro, de dos haces opuestos, es un reto tecnológico mayor.[120] La presión del aire en el tubo por el que circulaban los haces era de una milbillonésima de atmósfera.

En paralelo, Carlo Rubbia adaptó el SPS para hacer colisionar protones y antiprotones en el mismo anillo, haciéndolos circular en sentido opuesto. Esto requirió acumular antiprotones, algo que necesitó, a su vez, una nueva tecnología, llamada de enfriamiento estocástico y desarrollada por Simon van der Meer. Ambos recibieron el Premio Nobel poco más tarde, en el año 1984.

Conviene recordar que los aceleradores circulares aceleran a las partículas del haz de dos formas: aumentando la velocidad, igual que lo hacen los aceleradores lineales, y perpendicularmente al haz, para mantenerlo en la trayectoria circular y evitar que

---

120. Este autor oyó en la cafetería del CERN varias historias sobre las dificultades de hacer colisionar los haces y de asegurar la focalización y la precisión necesaria de las medidas de la energía. Las mareas, debidas dominantemente a la atracción gravitacional de la Luna, algo menos a la del Sol, también ocurren en menor grado en tierra firme, aunque no lo notemos, puesto que la Tierra no es un sólido rígido, como se sabe muy bien desde que Alfred Wegener desarrolló —hace más de cien años— su teoría de la génesis de los continentes y océanos, hoy tectónica de placas. Estas mareas terrestres se deben tener en cuenta. Igualmente, el nivel del agua en el ginebrino lago Leman también afecta a la precisión. El paso del TGV que conecta Ginebra con París o, más bien, los efectos del campo electromagnético que genera también deben ser considerados.

se salga por la tangente. Ambas aceleraciones producen radiación electromagnética, pero esta última, llamada radiación sincrotrón, es un importante factor limitador a altas energías, pues su intensidad crece con la cuarta potencia de la energía del haz. Como es inversamente proporcional a la masa de las partículas aceleradas, esto es especialmente importante para los electrones. Pero, si en el CERN esta radiación es un problema, muchos aceleradores —como PETRA III en Hamburgo, el ESRF en Grenoble o Alba cerca de Barcelona— se construyen para producirla, puesto que se utiliza para generar imágenes en biomedicina y ciencia de materiales que permiten estudiar estructuras moleculares, como las de las proteínas.

El LEP funcionó hasta el año 2000, cuando fue transformado en el **LHC, Large Hadron Collider** (gran colisionador de hadrones) para acelerar y hacer colisionar haces de protones (véase la tabla T.5 en el apéndice B). Con el LEP se descubrieron en el año 1983 las tres partículas de gauge que explican las interacciones nucleares débiles. De (10.1) y (T.5) se deduce que las distancias exploradas son inferiores a una milésima de fm, una milésima del tamaño de un nucleón. El cambio de electrones a protones de altísima energía necesitó disponer de campos magnéticos potentísimos, para mantener estos protones de velocidades muy próximas a las de la luz en la trayectoria circular de 27 km del colisionador, dando unas 11 000 vueltas por segundo. Esta hazaña solo fue posible con potentísimos imanes superconductores, para evitar un exceso de calor producido y las limitaciones de acceso a la electricidad necesaria. Estos imanes funcionan a temperaturas cercanas al 0 absoluto, inferior a la temperatura del Universo actual, de 2,7 K, que se obtienen refrigerando con helio líquido, cuya temperatura inicial de 4 K debe bajarse, gracias a otra hazaña tecnológica, aún más difícil de lograr. En esos años una parte importante del helio líquido mundial circulaba a 150 m bajo tierra en la frontera francosuiza, cerca de Ginebra.

Cuando los haces se cruzan, producen mil millones de colisiones por segundo. De esta forma el LHC permitió —hace unos años— crear, y, por ello, descubrir, el hoy ya famoso **bosón de Higgs**. Las múltiples tecnologías punteras desarrolladas en la física de altas energías han tenido muchísimas aplicaciones de todo tipo, como perforación de túneles en ingeniería civil o aparatos de IRM de última generación en física médica.

El CERN fue también el lugar de creación en el año 1989 de la **World Wide Web**, **www**, la hoy indispensable Red, gracias a un protocolo con el acrónimo http desarrollado por Tim Berners-Lee y sus colaboradores, para facilitar el uso común de los datos entre los múltiples laboratorios colaboradores diseminados por todo el mundo. Estos datos se producían en cada uno de los gigantescos detectores del LEP y, posteriormente, del LHC —de muchos miles de toneladas de tecnología avanzadísima cada uno— y eran analizados en los laboratorios que formaban parte de cada una de las extensas colaboraciones. El objetivo era permitir a los investigadores utilizar los datos sin saber dónde estaban almacenados, ni en qué lenguaje informático estaban codificados. Inmediatamente se entendió que esto iba a revolucionar la relación con la información de cualquier individuo con acceso a Internet. Berners-Lee y el CERN decidieron no patentar el invento y ofrecerlo generosa y libremente a la humanidad. Berners-Lee recibió el Premio Príncipe de Asturias en 2002 y el Premio Turing en 2017, considerado el Nobel de la informática y de las ciencias de la computación.

Ante los centenares de partículas —en gran parte hadrones— producidas en los aceleradores, el paso más urgente para poder avanzar era encontrar los constituyentes elementales de todos los hadrones, tanto de los mesones como de los bariones. Feynman los llamó *partones,* pero se impuso el **modelo de quarks**[121] elaborado por Murray Gell-Mann[122] (1929-2019, PN 1969) e, independientemente, por George Zweig. Inicialmente se introdujeron tres tipos de quarks, *up, down* y *strange,* que bastaban para describir todos los hadrones conocidos y explicar la simetría SU(3). Posteriormente se tuvieron que introducir otros tres, con más masa, *charm, bottom* y *top,* este último siendo muy masivo. Estos seis tipos de quarks se ordenan en tres familias de dos quarks de carga eléctrica distinta, *up, down; charm, strange; top, bottom.* Estos seis números cuánticos se denominan colectivamente «**aromas**», y juegan un papel importantísimo en las interacciones débiles, que transforman unos aromas en otros. Utilizan para ello la complejidad de las superposiciones cuánticas, ya que las interacciones débiles actúan sobre quarks que son superposiciones de los tres aromas de igual

---

121. Quark, nombre que Gell-Mann extrajo del libro *Finnegans Wake* de James Joyce, considerado por muchos de los que han intentado leerlo de una extraordinaria oscuridad. Por ello, páginas del mismo han dado lugar a numerosas tesis doctorales. Algunos opinan que le inspiró la palabra alemana *Quark,* un popular queso fresco.

122. Lo conocí en un congreso sobre simetrías en física que tuvo lugar en Sant Feliu de Guíxols en el año 1983. Bajé a desayunar temprano y lo vi leyendo el diario *El Punt.* Me presenté y le pregunté si entendía el catalán. Me contestó diciendo que era capaz de leer y chapurrear 22 idiomas. 25 años más tarde, en una jornada sobre relaciones entre Asia y Europa que tuvo lugar en Luxemburgo, me presentaron a un banquero norteamericano-luxemburgués, Edmond Israel, que me preguntó si conocía a Gell-Mann. Le hablé de mis encuentros con él y me dijo que lo había conocido recientemente en Estados Unidos y que, cuando le habló de Luxemburgo, Gell-Mann dijo: «*Mir wëlle bleiwe wat mir sinn*» («Queremos seguir siendo lo que somos»), frase de una canción patriótica del siglo XIX y que reafirma la identidad nacional luxemburguesa. Sí, debía de conocer 22 idiomas.

carga eléctrica, no sobre los quarks correspondientes a cada aroma, que son los que tienen una masa bien definida. Makoto Kobayashi y Toshihide Maskawa recibieron en el año 2008 el Premio Nobel por explicar matemáticamente que la rotura de la simetría CP —y, por ello, de la inversión temporal— tiene su origen en un único número complejo que aparece en estas superposiciones y cuya presencia necesita tres familias, predicción que hicieron cuando solo dos familias eran conocidas.

Pero entender las interacciones fuertes requirió la introducción de un nuevo número cuántico —hasta cierto punto equivalente a la carga eléctrica—, que también introdujo Gell-Mann, y que se llamó «**color**». El color puede tomar tres valores: rojo, verde y azul, y así da lugar a tres tipos de quarks según el color que tengan; los anticolores corresponden a los antiquarks. Todo quark tiene pues un aroma y un color. Estos colores no tienen nada que ver con lo que todo el mundo entiende por color, algo que irritó sobremanera a Feynman.[123] Todos los hadrones deben ser incoloros. Esto quiere decir que los bariones están formados por tres quarks, rojo, verde y azul respectivamente, todos los antibariones por tres antiquarks, con sus anticolores, todos los mesones por un quark y su antiquark, con su color y anticolor correspondiente. Partículas con color, por ejemplo, un barión de tres quarks de colores rojo, rojo y azul, o un mesón formado por un quark verde y un antiquark antiazul, no se han observado. Esta característica se denomina el **confinamiento del color**.

Con estas reglas de color, y los seis aromas, se pudieron describir todas las propiedades de todas las partículas y resonancias. Así, el protón está formado por tres quarks, *up, up y down*, mien-

---

123. «Los físicos idiotas, incapaces de encontrar magníficas expresiones griegas...».

tras que el neutrón tiene *up, down y down*. El quark *up* tiene una carga de $\frac{2}{3}$e, siendo e la carga del protón, y el quark *down* tiene una carga de $-\frac{1}{3}$e. Todos los quarks tienen spin ½. El kaon neutro tiene un quark *down* y un antiquark *strange*, extraño. La carga más pequeña conocida —aunque confinada— deja de ser e y pasa a ser $\frac{1}{3}$e.

La siguiente pregunta fue: ¿qué causa el confinamiento? ¿Qué mantiene a los quarks y antiquarks unidos en los bariones y en los mesones? Siguiendo las ideas aprendidas de los éxitos de la electrodinámica cuántica, se introdujo una partícula análoga al fotón, sin masa, llamada **gluon**,[124] que llevó así a la teoría definitiva de las interacciones nucleares fuertes, llamada **cromodinámica cuántica**, **QCD**. El intercambio de los gluones virtuales es lo que confina los quarks, porque esta fuerza, dentro del hadrón, aumenta con la distancia, como le ocurre a un muelle cuando se estira. Y ¿por qué no sale disparado un quark de un protón cuando una partícula de altísima energía colisiona con él transfiriéndole un gran impulso? Pues porque igual que un muelle —o una goma elástica— se rompe al estirarlo, dando lugar a dos, la energía de confinamiento, al crecer, crea un par quark-antiquark, que deshace el confinamiento, por lo que lo que sale es un mesón, al acompañar el antiquark creado al quark que sufrió la colisión, que lo arrastra. El quark creado que queda sale con un impulso menor, pero vuelve a inducir la creación de un par quark-antiquark, y así sucesivamente, generándose una serie de mesones que se reparten el gran impulso transferido.

QCD es, como la electrodinámica cuántica, QED, una teoría de gauge, pero de estructura matemática más complicada, porque no es abeliana, al basarse en el grupo SU(3) de color, que no se

---

124. De *glue,* pegamento. De hecho, debido al color, hay 8 gluones.

debe confundir con el mencionado anteriormente, que relaciona los tres aromas más ligeros. Esto lleva a una diferencia esencial, si se compara con la QED: los gluones interaccionan de forma directa entre ellos, algo que los fotones solo hacen en orden superior, mediante bucles de electrones virtuales (ver colisiones de Delbrück, capítulo 8).

Aparece ahora un nuevo problema: como la masa de los quarks *up* y *down*, que son los constituyentes de los nucleones, son centenares de veces más pequeñas que la masa de los nucleones, ¿cómo se explica la masa de un nucleón? Recordemos que la masa de un átomo es la suma de las masas del núcleo más la de los electrones, menos la energía de atracción, o de ligadura, entre ellos. Es pues más pequeña que la suma de las masas. Lo mismo ocurre para la masa de un núcleo, que es la suma de las masas de los nucleones constituyentes menos la energía de ligadura entre ellos. Pero esto no funciona con los nucleones, puesto que la suma de las masas de los tres quarks *up* y *down* es muchísimo MENOR que la masa del nucleón, incluso sin contar la energía de ligadura entre ellos. ¿De dónde emerge pues la masa del nucleón?

En el nucleón tenemos los tres quarks y los gluones que los mantienen unidos. Dada la pequeñísima masa de los tres quarks[125] podemos considerar, a todos los efectos, todos estos constituyentes como partículas sin masa. Recordemos ahora el principio de incertidumbre (7.1). La incertidumbre en la posición corresponde al tamaño del nucleón, un fm. Esto da un valor para la incertidumbre del momento lineal, donde gracias a (A.5) se puede estimar la ener-

---

125. La definición de la masa de los quarks es un tema complicado, al no existir quarks libres, puesto que (casi, no en los primerísimos instantes del Universo) siempre están confinados. Es como preguntarse qué masa precisa tiene un cerebro vivo que siempre está confinado en un cráneo...

gía cinética que tienen estos constituyentes sin masa por el hecho de estar confinados: ¡resulta ser del orden de la masa del nucleón! Es equivalente al «GeV por fm es 1» mencionado más arriba. Así, la masa de los nucleones, cerca de un GeV, que son los que proporcionan casi toda la masa conocida de nuestro Universo, es casi toda ella de origen cinético, debida a las velocidades cercanas a la de la luz de los quarks que los forman, y a la velocidad de la luz de los gluones que los ligan. **El mundo no es masa, es energía.** Si nos concentramos en las masas de las partículas elementales, el Universo nos parecería esencialmente vacío y no masivo.[126]

Por otro lado, la fuerza fuerte entre nucleones, es decir, entre partículas compuestas y sin color, es comparable a la interacción electromagnética entre átomos, que no tienen carga eléctrica, y que se conoce como fuerza de Van der Waals (PN 1910). Esta es más débil que la fuerza coulombiana entre cargas y decae mucho más rápidamente con la distancia que esta última. Lo mismo ocurre para las interacciones fuertes entre nucleones: son fuerzas residuales más débiles que decrecen muy rápidamente con la distancia, y que se describen —en primera aproximación— con la fuerza de Yukawa (ver capítulo anterior). Son, sin embargo, suficientemente fuertes para compensar la repulsión coulombiana entre los protones del núcleo que, a esas cortísimas distancias, es muy intensa. Este campo de la investigación se conoce como *física nuclear* y es otro ejemplo de emergencia, ya que es la forma más eficaz de entender los núcleos y sus características y —en principio— debe poder deducirse de la QCD; pero la complejidad de esta última hace que estemos lejos de haber completado esta derivación.

---

126. El materialismo, que domina en gran parte el pensamiento científico, debería ser rebautizado energetismo.

La siguiente sorpresa llegó de la mano de David Gross y Frank Wilczek e, independientemente, de David Politzer, que en el año 1973 razonaron que la QCD es una **teoría asintóticamente libre**. Esto quiere decir que la interacción fuerte se hace más débil a medida que la energía es más elevada, o sea, cuando las distancias son más pequeñas. En colisiones a altas energías con los quarks que forman un nucleón, que por esto exploran distancias muy inferiores a las nucleares, estos se comportaban como si fuesen libres, ¡aunque estaban confinados! Esta característica permitió hacer cálculos perturbativos, como para la electrodinámica cuántica, aunque más complicados, y así poder hacer predicciones y explicar resultados experimentales obtenidos a altas energías. Los tres físicos recibieron por ello el Premio Nobel en el año 2004.

En paralelo, Sheldon Glashow,[127] Abdus Salam[128] y Steven Weinberg (1933-2021, PN 1979)[129] fueron construyendo la teoría de las interacciones nucleares débiles, las que actúan sobre

---

127. En un congreso que organicé en Barcelona en el año 2000 para celebrar los cien años de ideas cuánticas, invité a Glashow, que aceptó la invitación con la condición de cenar en El Bulli, en la Cala Montjoi de Roses. Como yo conocía a Ferran Adrià, pude hacer la reserva; vino también Álvaro de Rújula, el primer español con puesto permanente en la división de física teórica del CERN. Anton Zeilinger decidió no acompañarnos, pero recibió el Premio Nobel en el año 2022.

128. El primer premio Nobel de Física musulmán.

129. Su CV de media página, presentado para un doctorado *honoris causa* de la Universitat de Barcelona, causó confusión entre algunos miembros del comité académico encargado de la selección, al tener que compararlo con otros candidatos, cuyos currículums tenían como poco cien páginas. Se le otorgó cuando el padrino explicó al comité que, al menos en física, a partir de un cierto nivel, lo importante es haber hecho algo extraordinario, no haber hecho mucho.

el aroma de los quarks y sobre los leptones, unificándolas —de una cierta forma— con la interacción electromagnética. Recibieron conjuntamente el Premio Nobel en el año 1979. Esta **teoría**, llamada **de Weinberg-Salam**, explica estas interacciones como debidas al intercambio entre leptones, entre quarks, y entre leptones y quarks, de tres nuevas partículas de gauge, el **bosón Z**, que es neutro, el **bosón W$^+$**, y su antipartícula, el W$^-$.[130] Pero había un serio problema: la simetría de gauge de esta teoría exigía que estos tres bosones tuviesen masa nula, igual que el fotón, pero, como estas interacciones eran de cortísimo alcance, más de cien veces más corto que las fuertes, esto no era posible, ya que partículas sin masa dan lugar a interacciones de largo alcance (salvo que presentaran confinamiento, como para QCD).

La solución a este problema es otro ejemplo de ingenio teórico, y empieza con un trabajo del año 1960 de Yoichiro Nambu,[131] siendo profesor en Chicago, en el que introduce el concepto de **rotura espontánea de simetría** en el mundo de las partículas; poco después, Philip Anderson (PN 1977) contribuyó sustancialmente a desarrollar esta idea. Esta rotura de la simetría de una teoría —que la deja invariante— ocurre cuando el estado fundamental de la misma, el de más baja energía, no es invariante bajo esta simetría. Es un fenómeno bien conocido en el mundo clásico, por ejemplo, cuando, al intentar equilibrar un lápiz sobre su punta, inevitablemente cae en alguna dirección, pese a que la fuerza de gravedad terrestre presenta una simetría de rotaciones planas casi perfecta, que no privilegia ninguna dirección. En teorías

---

130. W viene de *weak*, débil, y Z de *zero charge*, sin carga.

131. Recibió el Premio Nobel casi cincuenta años más tarde, en el año 2008. Nadie entendió por qué no lo había recibido antes, quizás por su modestia. Mi maestro Pere Pascual hizo una estancia posdoctoral con él.

cuánticas de campos, esta rotura espontánea de las simetrías de gauge tiene consecuencias interesantísimas, y, en particular, gracias a lo que se conoce como **mecanismo de Goldstone-Higgs**, permite dotar de masa a los tres bosones de gauge responsables de las interacciones débiles, los W y el Z, manteniéndose el fotón sin masa. Además, permite predecir con una cierta precisión el valor de estas masas. Pero esto exige la introducción de una nueva partícula, el bosón de Higgs. Este bosón fue creado y observado en el LHC del CERN en el año 2012 y, por ello, Peter Higgs y François Englert[132] recibieron el Premio Nobel tan solo un año más tarde, en 2013. Poco antes recibieron el CERN y los dos premios Nobel el Premio Príncipe de Asturias de ese año.

Fue Gerardus 't Hooft quien —bajo la dirección de su director de tesis, Martinus Veltman— demostró que esta teoría electrodébil es renormalizable, es decir, coherente y calculable. El reto se debía a la rotura espontánea de la simetría de gauge de dicha teoría, que podía ser incompatible con su renormalizabilidad. Por este trabajo recibieron el Premio Nobel en el año 1999. Gerardus 't Hooft ha recibido en 2025 el Premio Breakthrough, dotado tres veces más generosamente que el Nobel.

La desintegración del neutrón dada en (4.3) ahora se expresa en términos de sus constituyentes, los quarks *up* y *down*, así:

$$d \rightarrow u + W^-_{vir} \ y \ W^-_{vir} \rightarrow e + antineutrino \quad (10.2).$$

---

132. El llamado mecanismo de Higgs fue, además, descubierto simultánea e independientemente por varios otros investigadores, como Brout, Guralnik, Hagen y Kibble. Esta simultaneidad de los descubrimientos ocurre con bastante frecuencia; se suele recordar a los que publicaron en inglés, en una revista prestigiosa y están en un centro reconocido. Pero a veces hay otras razones.

Modelo estándar de física de partículas

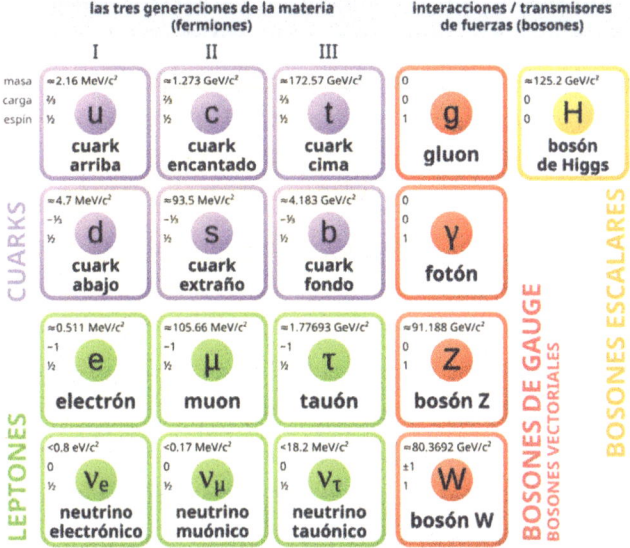

Tabla de partículas elementales del modelo estándar.

La desintegración del W virtual es extraordinariamente rápida; el W no es observable en este proceso. Tampoco lo son los dos quarks, por estar confinados en los nucleones.

El bosón de Higgs también da masa a todos los leptones y quarks, aunque de forma menos natural y por ello menos satisfactoria, y sin permitir predecir sus valores concretos. El descubrimiento del bosón de Higgs culmina la construcción de las tres interacciones que dominan el mundo del microcosmos, el mundo de las partículas, en la forma de la teoría de Weinberg-Salam y el de la cromodinámica cuántica, llamadas conjuntamente el **modelo estándar de las partículas elementales**. Repasemos las partículas que aparecen en este modelo.

Los seis leptones: tres cargados con masa, electrón, muon y tau, este último bastante más pesado,[133] y los correspondientes tres neutrinos, parece que con masa. Y sus antipartículas.

Los seis quarks, confinados, con tres colores y seis aromas: de muy ligeros a muy pesados. Todos con cargas fraccionarias. Y sus antipartículas.

Los doce fermiones se pueden ordenar en tres familias, según las masas que tienen. La más ligera está formada por el electrón, el neutrino electrónico y los quarks *up* y *down*. Si se cuentan las cargas eléctricas de los quarks tres veces, ya que aparecen con tres colores, la suma de todas las cargas de una familia es cero. Estas partículas de espín ½ son los «ladrillos» del Universo.

El fotón, sin masa, y los tres bosones de gauge electrodébiles, estos de masas cercanas a cien veces la masa del nucleón.

Incluyen sus antipartículas.

Los gluones, neutros, bosones de gauge fuertes, sin masa, pero con color y confinados. Son sus propias antipartículas.

Los bosones de gauge, todos de espín 1, son el «cemento» del Universo.

El bosón de Higgs, neutro, sin espín, de masa más de cien veces la del nucleón. Es el «albañil» del Universo.

Doce fermiones son nuestro universo conocido, cuatro bosones de gauge (solo contamos un W, ya que el otro es su antipartícula), responsables de las interacciones, y el bosón de Higgs, responsable de las masas elementales: 17 partículas elementales, eso es todo; solo hay que añadir las antipartículas y el color. Este es

---

133. Hemos utilizado «pesado» y «ligero», en vez de «con mucha masa» y «con poca masa», que son las expresiones correctas. Pesado y ligero requieren una atracción gravitatoria, que en el microcosmos no juega ningún papel, debido a su extrema debilidad.

el modelo estándar de las partículas elementales, posiblemente la construcción más sutil y con más éxitos de explicaciones precisas y predicciones cumplidas de la historia de la ciencia hasta el día hoy, fruto de una cadena de explosiones de creatividad que no se ha repetido. ¿Es bello este modelo? Más bien no. ¿Es sencillo? No. QED y QCD lo son para muchos, pero la teoría de Weinberg-Salam, es decir las interacciones débiles, no lo es debido a su complejidad. ¿Es un punto final? Nadie cree que lo sea. Volveremos a ello en la coda.

En el epílogo volveremos, a su vez, a las cuestiones planteadas por los dos epígrafes que encabezan este capítulo.

Los cuatro capítulos finales estarán dedicados a las dos más espectaculares y prometedoras aplicaciones científicas de todas las ideas expuestas hasta aquí: la **astrofísica** y la **cosmología**, y la **información cuántica**.[134]

---

134. La ciencia de los materiales es otra, pero las limitaciones de espacio y el nivel de conocimiento del autor justifican no incluirla.

11

De la expansión de Lemaître (1927) y de Hubble a la radiación cósmica (1965), pasando por la alquimia estelar: todos somos polvo de estrellas

«La ciencia es la única actividad humana que realmente progresa.
El patrimonio de conocimiento positivo se transmite de generación en generación».

(E. Hubble)

Vimos en el capítulo 5 que fue Georges Lemaître quien entendió que el desplazamiento hacia el rojo observado en la luz procedente de galaxias lejanas permitía una interpretación relativamente sencilla, en el marco de la teoría de la relatividad general, como debido a la **expansión del Universo**. Fue Edwin Hubble (1889-1953) quien, con bastantes más datos, pudo postular en el año 1929 la proporcionalidad entre la magnitud del desplazamiento hacia el rojo, es decir, del aumento de la longitud de onda, y la distancia a la galaxia. Al interpretar el desplazamiento como debido al efecto Doppler, que todos conocemos, del cambio del tono de sonido, de agudo a grave, como cuando un coche de policía con la sirena en marcha se acerca y después se aleja de nosotros, la proporcionalidad es una entre la velocidad de alejamiento de la galaxia y su distancia. El cociente de estas dos magnitudes es constante en el espacio, pero cambia con el tiempo debido a la atracción gravitacional, y se llama **constante de Hubble, H**, o, más apropiadamente, **ley de Hubble-Lemaître**. Nótese que esta expansión no tiene un centro, no es como una explosión, sino que es el propio espacio-tiempo el que homogénea e isótropamente se expansiona, como lo haría un suflé con arándanos, de la misma manera en todas sus partes, separándose dos puntos cualesquiera —dos arándanos cualesquiera— con la misma proporcionalidad entre la velocidad y la distancia. De hecho, esto solo es cierto para distancias intergalácticas, pues el Universo no parece expansionarse dentro de estructuras confinadas por la gravitación, como estrellas y galaxias. En esto la analogía del suflé también es correcta, ya que los arándanos no cambian de tamaño al expandirse el suflé. La pregunta de si el Universo se expande dentro de un espacio-tiempo de dimensiones superiores es, hoy en día, académica, ya que no disponemos de datos u observaciones que nos informen sobre ello.

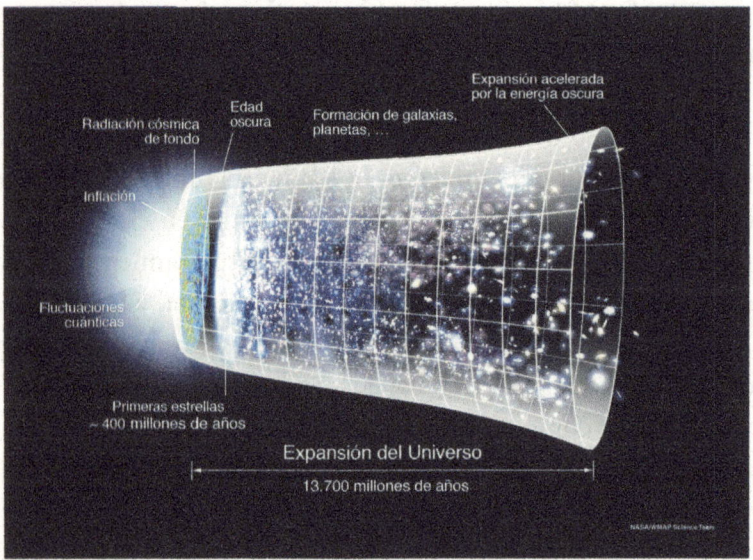

Línea del tiempo de la expansión del Universo.

Los modelos cosmológicos de la relatividad general se basan en el **principio cosmológico**, es decir, en la **homogeneidad e isotropía del Universo**, observadas a grandes escalas. Con su ayuda se puede calcular, yendo hacia el pasado, el tiempo transcurrido desde que esta expansión comenzó, momento que —mucho más tarde— Fred Hoyle, quien se oponía a la idea de un universo en expansión, bautizó burlonamente como **Big Bang**,[135] la Gran Explosión, en un programa radiofónico de la BBC, para ridiculizarla. Consiguió lo contrario de lo que pretendió.

Quizás no deba sorprender demasiado que el producto de la constante de Hubble por la edad del Universo, producto que es un número adimensional, sea cercano a 1. En otras palabras, la constante de Hubble es aproximadamente la inversa de la edad del Universo, unos 13,8 mil millones de años. La cuestión del tamaño del Universo es bastante sutil y más difícil de abordar, ya que hay que distinguir entre el Universo observable, es decir, aquel en el que la luz ha tenido suficiente tiempo como para llegarnos, y el no observable, ya que la expansión puede ocurrir a velocidades superiores a la de la luz. Recordemos que la velocidad de expansión del Universo no es una velocidad EN el espacio-tiempo, sino DEL propio espacio-tiempo, debida a las condiciones iniciales de su propia dinámica, y esta no tiene límite.[136]

---

135. *Bang* tiene también otra acepción, coloquial y vulgar, que el lector curioso podrá buscar.

136. Velocidades supralumínicas son fácilmente imaginables: supongamos un faro que gira 1000 veces por segundo, 1 kHz, y cuyo haz de láser muy focalizado se proyecta sobre una pantalla circular a 100 km de distancia. El punto de incidencia del haz sobre la pantalla se mueve a más del doble de la velocidad de la luz. Pero no le llega la energía desde el punto precedente, sino del propio faro. Véase también: Rolf Tarrach, «Velocidades superlumínicas y causalidad», *Investigación y Ciencia*, número, 241, octubre de 1996. Ninguna de estas velocidades supralumínicas transporta energía ni, por ello, información.

Las galaxias se alejan porque el espacio-tiempo entre ellas se expansiona, no porque una fuerza actúe sobre ellas. Esto ya indica que hay que ir con pies de plomo al utilizar la física conocida cuando estudiamos el Universo y su evolución. Además, cuando nos llega la luz de las galaxias más alejadas, estas han tenido todavía miles de millones de años para alejarse incluso mucho más de nosotros. Así la respuesta a la pregunta: ¿a qué distancia máxima están hoy las fuentes que emitieron la luz que detectamos como radiación de fondo cósmica?, da una estimación del tamaño del Universo observable (o, mejor dicho, observado) de unos 46 mil millones de años luz. Del Universo no observable, como ya se ha dicho, no sabemos nada.

El **horizonte de sucesos cósmico** es la distancia a la que el desplazamiento hacia el rojo hace que la longitud de onda de la radiación emitida sea infinita, y por ello de energía nula, como corresponde a una velocidad de expansión igual a la de la luz, por lo que no se puede observar nada. Así, no es posible observar que en el horizonte de sucesos las galaxias se alejen a la velocidad de la luz. Es la teoría la que lo afirma. También, estrellas o galaxias que se hubieran podido observar hace tiempo pueden haber atravesado, mientras tanto, el horizonte de sucesos cósmico y ya no ser observables. Finalmente, no olvidemos que casi todas nuestras observaciones cosmológicas solo nos permiten acceder a una «rebanada» del espacio-tiempo: las señales procedentes de una galaxia como Andrómeda, que está a 2,5 millones de años luz de distancia, y que nuestras antenas detectan, nos informan de cómo era hace 2,5 millones de años, no de cómo es ahora, ni tampoco de cómo era hace 5 millones de años. De las estructuras más lejanas observadas solo sabemos cómo eran hace mucho tiempo, no cómo son ahora.[137]

---

137. Quizás estas reflexiones permitan entender la frase de Landau: «Los cosmólogos se equivocan frecuentemente, pero nunca se duda de ellos». Pro-

Como veremos, esto no es así para la radiación cósmica de fondo, que no tiene un origen localizado, no es direccional, y llena todo el Universo.

El **modelo estándar cosmológico** empieza cuando el Universo tenía una billonésima de segundo de edad, en cuyo instante estaba formado por las partículas elementales mencionadas al final del capítulo anterior, sin que el color estuviese confinado. A partir de esta primera fase, nuestro conocimiento actual de las cuatro fuerzas de la naturaleza nos permite describir cómo ha evolucionado el Universo hasta hoy.

Aunque mucho se ha publicado sobre cómo era el Universo antes de ese instante, y se han hecho propuestas interesantes de fases de expansión rapidísima, llamadas *inflacionarias,* poco se sabe realmente. Nada sabemos de por qué el Universo empezó en un estado de energía tan increíblemente concentrada, tan fuera de todo equilibrio gravitacional. Es posible que nunca lo sepamos.

La segunda fase comienza con la formación de los nucleones, es decir, con el confinamiento, cuando el Universo tenía una fracción de milisegundo de edad. Los quarks y los gluones ya no son libres. Al continuar enfriándose el Universo, debido a la expansión, y haciéndose así menos denso, se llega —hacia los tres minutos— y con una temperatura de mil millones de grados, a la formación de los núcleos más sencillos, partículas α (núcleo de He^4), deuterones y núcleos de litio; pero la expansión es demasiado rápida, y la densidad insuficiente, para permitir la formación de núcleos más pesados. En esta tercera fase la temperatura ya no es suficiente para romper, mediante colisiones, los núcleos que se han ido formando.

---

bablemente nuestras ideas sobre cosmología cambien bastante a medida que se obtenga más y mejor información en los próximos años.

La cuarta fase comienza cuando la temperatura desciende a unos pocos miles de grados, permitiendo la captura de los electrones por parte de los núcleos —gracias a la ley de Coulomb—, dando lugar así a la formación de los átomos de hidrógeno (74 % de la masa), helio (25 %), y un poco (1 %) de litio y deuterio. Esta es la **composición química del Universo** primitivo. Solo quedan —además de los átomos— los neutrinos y los fotones, todos eléctricamente neutros. Esta fase, que ocurre cuando han pasado unos 380 000 años desde el Big Bang, es muy significativa, ya que los fotones, a esta temperatura —que va descendiendo— ya no pueden romper los átomos, y, como estos son neutros eléctricamente, los fotones dejan de interactuar con la materia y son libres. Estos fotones prácticamente ya no han interactuado desde ese momento y han seguido la expansión del Universo hasta el día de hoy, enfriándose hasta una temperatura de 2,7 K, unos -270 °C, es decir, aumentando su longitud de onda, y diluyéndose hasta la densidad actual de 400 millones por metro cúbico. Proporcionan una imagen, como las que conocemos con las técnicas de imaginería médica, de cómo era el universo «joven» de aquel momento. Esta es la **radiación cósmica de fondo, o radiación de fondo de microondas**. La descubrieron Arno Penzias (1933-2024) y Robert Wilson (1936) por casualidad en el año 1964, trabajando con una antena de ondas de radio en los Bell Labs de AT&T, la compañía estadounidense de teléfonos y telégrafos. Ambos recibieron por este descubrimiento, y por la tenacidad que demostraron por entender qué pasaba, el Premio Nobel en el año 1978. De hecho, esta radiación —que en su antena apareció como un persistente ruido de fondo de microondas electromagnéticas— había sido predicha por algunos físicos teóricos, pero esta predicción fue ignorada, hasta que Penzias y Wilson fueron informados por un colega de ellos,

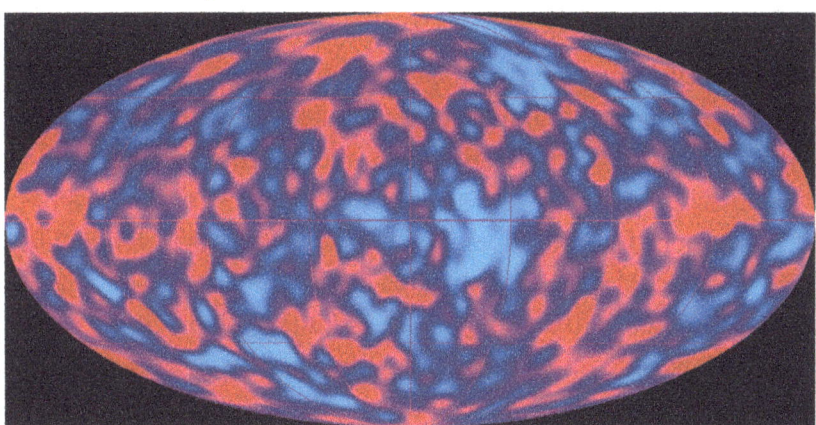

Temperatura del espectro de radiación del fondo cósmico de microondas (CMB) determinada con el satélite COBE durante los dos primeros años de observación del radiómetro diferencial de microondas (DMR). El plano de la Vía Láctea se encuentra en posición horizontal en el centro de la imagen.

al enterarse este de los infructuosos intentos de encontrar su origen.[138] La serendipia los llevó así al máximo honor científico. Junto con la composición química del Universo primitivo y la expansión del Universo con su ley de Hubble-Lemaître, este es el tercer pilar del modelo estándar cosmológico.

El **satélite COBE, Cosmic Background Explorer** (explorador del fondo cósmico) fue el primero que tomó medidas precisas del espectro de la radiación de fondo cósmica, observando que tenía la forma de la radiación de un cuerpo negro, con el máximo en la zona de las microondas —del orden de un milímetro de longitud de onda— y que era muy isótropo, que casi no tenía fluctuaciones. George Smoot y John Mather recibieron por ello, por transformar la cosmología en una ciencia más precisa, el Premio Nobel en el

138. Heces de pájaros depositadas en la antena, motores eléctricos de una fábrica cercana, tormentas lejanas, la ciudad de Nueva York a unos 40 km de distancia, etc.

año 2006. Más recientemente el satélite Planck ha estudiado con detalle las ligeras anisotropías en las frecuencias de las microondas y del infrarrojo. Es la información más completa sobre las **condiciones iniciales del Universo** de la que disponemos, que es —al mismo tiempo, quizás— la mayor incógnita de la cosmología.

Los neutrinos, al interaccionar más débilmente que los fotones, se desacoplaron de la materia incluso antes que los fotones, pero precisamente la debilidad de sus interacciones hace actualmente imposible obtener imágenes como las de la radiación cósmica de fondo, pero producidas por los neutrinos, en vez de por los fotones. Nos darían información sobre las primeras fases del modelo estándar cosmológico. Aún más anteriormente se desacoplaron los gravitones, en la fase inflacionaria, por ser la interacción gravitacional la más débil de todas. Pero esto es música de futuro.

Después de la liberación de los fotones al formarse los átomos, empieza la etapa en la que la gravitación domina la dinámica universal. Esta dura unos 300 millones de años y durante los cuales la atracción gravitatoria agrupa la materia en las primeras estrellas y los grupos de estrellas en las primeras galaxias. La radiación cósmica de fondo no es totalmente uniforme, tiene irregularidades, fluctuaciones en la densidad de la masa y la energía del orden de una parte en cien mil, y son estas fluctuaciones las que señalan las zonas en las que aparecieron las primeras estrellas y galaxias, y los cúmulos de galaxias. Esas pequeñas manchas son la simiente que inició la evolución cosmológica posterior y todo lo que contiene, *Homo sapiens* incluido. ¿Qué las causó?

Al formarse algunas estrellas muy masivas, la presión producida por la atracción gravitatoria aumenta enormemente la temperatura en el centro de la estrella, a centenares de millones de grados, iniciando así procesos de fusión nuclear, como los que ocurrieron en todo el Universo en la fase de formación de los núcleos. Estos procesos estelares son como la evolución del Universo, pero invirtiendo la dirección del tiempo, ya que la densidad y la temperatura aumentan, en vez de disminuir. Así se forman los demás elementos químicos hasta el hierro, que es el más estable, el de la máxima energía de ligadura. A partir de este momento nada puede contrarrestar la presión gravitatoria, y la estrella, por una suerte de rebote, explota como **supernova** produciendo en este proceso muy violento muchos más de los elementos químicos de la tabla periódica. Se sabe desde no hace mucho que también se generan las dos moléculas —constituidas por átomos distintos— más abundantes en el cosmos: monóxido de carbono y agua. Los átomos y algunas moléculas con los que nuestro cuerpo está compuesto son el residuo de las explosiones de las supernovas; por eso somos **polvo de estrellas**, como dijo Carl Sagan. Como las estrellas muy masivas tienen una evolución de gran celeridad, estas primeras explosiones de supernovas acaecieron en esta etapa de 300 millones de años. El estudio de cómo las estrellas —es decir, la nucleosíntesis estelar— transforma parcialmente la alquimia (pseudociencia antigua que buscaba transformar los metales más comunes en oro, crear el elixir de la vida y alcanzar la perfección espiritual y material), tan deseada y buscada por los humanos durante siglos, en realidad, le debe mucho a cuatro singulares científicos ya mencionados: Eddington, Gamow, Bethe (1906-2005, PN 1967) y Hoyle.

Lo más abundante (en masa, no en número de partículas) del Universo conocido es el hidrógeno atómico, pero en las zonas más vacías solo hay unos pocos átomos por m^3. Después de entender la estructura fina de su espectro, se descubrió su estructura hiperfina, una desviación ínfima de la energía de algunos orbitales, debida a la interacción entre el momento magnético del electrón y el —muchísimo más débil— del protón que forma su núcleo. Esta pequeñísima diferencia de energía entre los estados que tienen respectivamente los dos momentos magnéticos paralelos y antiparalelos —opuestos— corresponde a una radiación electromagnética de longitud de onda de unos 21 cm, que es muy poco absorbida y, por esto, es omnipresente y fácilmente observable. En nuestras comunicaciones con hipotéticos seres inteligentes extraterrestres, por ejemplo, mediante las sondas Pioneer 11 y 12, se utiliza esta longitud —puesto que toda inteligencia avanzada debería de haber descubierto esta radiación— como referencia para indicar el tamaño típico, característico de lo humano. Pero, además, estos 21 cm sirven para hacer saber a esta hipotética y avanzada civilización tecnológica que conocemos la mecánica cuántica, única forma que tenemos los humanos de entender esta radiación de 21 cm debida a la estructura hiperfina del átomo de hidrógeno.

Fue Feynman —de nuevo— quien dijo que, si desapareciese todo conocimiento científico de la Tierra y solo se nos permitiese dejar una breve frase para las siguientes generaciones, él escogería: «Todo está hecho de átomos». El lector puede intentar encontrar una frase de cinco palabras científicamente más informativa; no le será fácil.

Como nunca se ha observado la desintegración de un átomo de hidrógeno, es decir de su núcleo —un protón— a pesar de impresionantes esfuerzos experimentales, sabemos que el número de nucleones del Universo se conserva (recuérdese que la desintegración del neutrón no cambia el número de nucleones), si dejamos de lado los que puedan ser absorbidos por un agujero negro.

La última etapa de la historia del Universo es la más tranquila y larga, también dominada, se creía hasta hace no muchos años, por la gravitación, que —siendo atractiva— frenaba la expansión, y nos transportaba hasta la actualidad. Pero la composición en términos de masas y energías del Universo tenía un grave problema. Ya desde los años de entreguerras del siglo XX había observaciones de Fritz Zwicky —astrónomo de genialidad poco conocida— que indicaban que la masa y energía conocidas del modelo estándar de las partículas y fuerzas del momento no eran suficientes para explicar varios fenómenos, como la velocidad de rotación de las estrellas alrededor del centro de su galaxia —frecuentemente ocupado por un masivo agujero negro—, algo que incluso las leyes de Kepler deberían poder explicar. Pero el problema, como entendió bien Vera Rubin (1928-2016),[139] no era una desviación menor, sino que faltaba muchísima materia de tipo desconocido, distinta de la del modelo estándar de las partículas, y cuya única interacción es gravitatoria. Se la llamó **materia oscura** ¡y es cinco veces más abundante que toda la que conocemos! Se cree que fue esta materia oscura la que dominó la expansión —frenándola— y la estructuración del Universo durante sus primeros 7 a 9 mil millones de años. Obviamente hay toda clase de hipótesis de partículas desconocidas y exóticas que podrían constituir esta materia oscura, pero falta cualquier indicio de evidencia al respecto. Incluso quizás no sean partículas, sino estrellas muertas de diverso origen, grandes planetas, como Júpiter, o más pequeños, aunque mayores que la Tierra, llamados sub-Neptunos, residuos de sus sistemas solares, agujeros negros de tamaño intermedio; pero también carecemos de pruebas empíricas que lo sustenten. Después de todo lo que el siglo XX

---

139. Algunos de sus colegas opinaron que debería haber recibido el Premio Nobel de Física. El potentísimo telescopio óptico Vera Rubin, situado en Chile, que ha detectado su primer fotón en el año 2025, multiplicará por dos en su primer año de funcionamiento todos los datos recogidos por todos los telescopios durante toda la historia de la astronomía óptica.

nos ha permitido aprender y entender sobre la Naturaleza, resulta paradójico que su mayor parte nos sea totalmente desconocida. Y aun puede empeorar la cosa, como veremos en el próximo capítulo. Así es la cosmología: avanza, depara nuevas sorpresas y, a veces, retrocede.

¿Cuál es la **energía total del Universo**? Es una pregunta que todo físico se plantea en algún momento, aunque algunos la consideran marginal por la dificultad de definir con precisión la energía del Universo. Si el Universo fuese infinito, ni siquiera estaría claro lo que pudiera significar la pregunta. Vamos, pues, a suponer que es finito. Hay evidencia bastante convincente de que el espacio tridimensional del Universo es plano, es decir, que la suma de los ángulos del triángulo formado por tres galaxias lejanas es 180°. Un espacio plano significa que la curvatura es nula, lo que a su vez permite deducir —con la ayuda de alguna que otra hipótesis— que la energía total sería nula. Esto significaría que la materia oscura, más toda la materia y energía conocida y observada, que son todas contribuciones positivas a la energía, quedarían compensadas por la energía de atracción gravitacional entre todas ellas, su energía potencial, que, dado su carácter atractivo, es negativa. Este resultado es muy satisfactorio para físicos teóricos... no creyentes, porque hace innecesario contestar a otra pregunta que no hemos formulado: ¿de dónde viene la energía del Universo? Como la energía es nula, el Universo podría originarse a partir del vacío, y quizás no sea otra cosa que una fluctuación cuántica de este, ocurrida cuando el Universo era del tamaño de la distancia de Planck y tenía la edad del tiempo de Planck, ambos increíblemente minúsculos, pero no nulos. Una energía total no nula habría puesto en un brete al físico teórico no creyente, puesto que la pregunta sobre el origen de esta energía habría sugerido un Universo eterno —que diluye la relevancia de la pregunta en la eternidad— o una intervención *externa* a la física. Con ambas soluciones, eterna o externa, el físico teórico se habría sentido incómodo.

¿Se conserva esta energía total del Universo? Se podría pensar —gracias al teorema de Noether (capítulo 2)— que sí, puesto que en las ecuaciones de la gravitación de Einstein el tiempo no aparece explícitamente. Pero en la solución de estas ecuaciones que corresponde a nuestro Universo en expansión, la respuesta debería ser «no», ya que este no es invariante bajo traslaciones en el tiempo, al crecer continuamente las distancias entre las galaxias sin que medie una fuerza. Ya vimos —al comentar la rotura espontánea de una simetría (capítulo 10)— que la solución de una ecuación no tiene por qué satisfacer las simetrías de esta.

Antes de acabar este capítulo conviene recordar que no es imposible que los neutrinos jueguen un papel más importante en la cosmología de lo que se piensa, debido a las muchas incógnitas que aún presentan. Detectar neutrinos es extraordinariamente difícil, por ser su interacción con cualquier materia debilísima; es por ello por lo que, de los muchos billones de neutrinos solares que atraviesan nuestro cuerpo a cada segundo, ninguno colisiona con nosotros. Parecemos transparentes —inexistentes— para ellos. Incluso la Tierra, a pesar de su gran tamaño, es casi diáfana para los neutrinos que le llegan del Sol. Pero, como la ingenuidad experimental es exquisita, hemos aprendido que los **neutrinos oscilan**, fenómeno cuántico extraño y similar al del sistema de los dos kaones neutros mencionado anteriormente. Resulta que los neutrinos se crean con un aroma, electrónico, muónico y taónico; pero estos son superposiciones distintas de los estados de los tres neutrinos de masas bien definidas y diferentes, que son los que se propagan independiente y distintamente en el tiempo. La evolución de estas distintas superposiciones cuánticas tiene como consecuencia que los neutrinos van cambiando de aroma. Este sorprendente resultado resolvió el problema del déficit de los neutrinos solares, de los que no se observaba la cantidad que los astrofísicos predijeron, basándose en su conocimiento bastante sólido de los procesos de fusión nuclear en el interior de las estrellas. La explicación fue la transformación parcial del neutrino electrónico en otro aroma, por lo que los detectores —que solo son sensibles a un aroma— no los reconocían. La detección de las oscilaciones de neutrinos y la implicación de que por eso los neutrinos tienen masa —salvo quizás el más ligero— merecieron para Takaaki Kajita (1959) y Arthur McDonald (1943) recibir el Premio Nobel en el año 2015. No se puede descartar que estas masas formen parte de la solución de algunos de los problemas de la cosmología.

Si los neutrinos son «de Dirac», es decir, distintos de sus antipartículas, o «de Majorana», es decir, iguales a los antineutrinos, es otro dilema que aún no ha podido ser resuelto satisfactoriamente.

El epígrafe de Hubble que abría el capítulo es compartido por muchos científicos: la cosmología construida sobre la base de la teoría de la gravitación de Einstein supera cualquier cosmología anterior, igual que lo hizo la basada en la gravedad de Newton. Ahora bien, *mutatis mutandis,* ¿superan la música, la pintura o la literatura contemporáneas a sus realizaciones anteriores? Que cada lector responda a su manera.

12

De Hawking (1974), y sus agujeros negros que no lo son, al Universo desbocado de Perlmutter (1998)

«No temo a la muerte, pero no tengo prisa en morir». (S. HAWKING)

«Si te preguntas lo que es la energía oscura, estás en buena compañía.»
(S. PERLMUTTER)

Roger Penrose (1931, PN 2020)[140] recibió el Premio Nobel por sus demostraciones de que la relatividad general conduce, bajo condiciones muy generales, a la existencia de singularidades, que hasta ese momento se habían considerado el resultado de ejercicios matemáticos basados en condiciones tan específicas que difícilmente se podían cumplir en la realidad de nuestro Universo. Stephen Hawking (1942-2018) demostró posteriormente con él que en nuestro Universo los agujeros negros eran prácticamente inevitables. Stephen Hawking es quizás, después de Einstein, el físico más popular del siglo XX, aunque Feynman no le vaya a la zaga. Esto se

---

140. Penrose es un matemático y físico teórico de una creatividad desbordante, no muy lejana de la de Von Neumann, aunque normalmente se ha mantenido dentro del amplio marco de las matemáticas, solo aventurándose alguna vez en el mundo de las neurociencias.

debe en gran medida a que, habiéndosele diagnosticado de joven una esclerosis lateral amiotrófica, con una esperanza de vida de un par de años, convivió con la enfermedad durante más de medio siglo de extraordinaria creatividad científica y, quizás, cierta felicidad personal. Fue honrado con los mayores premios científicos,[141] excepto el Nobel, que quizás hubiera podido compartir con Penrose, pero ya había fallecido cuando este lo recibió.

Sabemos que, si lanzamos un objeto hacia arriba con una velocidad de 11,2 km/s, llamada velocidad de escape, el objeto tiene suficiente energía cinética para superar la energía potencial gravitatoria negativa que lo confina al entorno de la Tierra. Supongamos que hiciésemos la Tierra más densa, sin cambiar su tamaño. La velocidad de escape aumentaría y, cuando llegase a la velocidad de la luz, nada podría escapar de la atracción gravitatoria de la Tierra: la Tierra se habría convertido en un agujero negro. Cualquier objeto, si su densidad es suficientemente alta, es un agujero negro. La fórmula (5.1) da la relación entre la masa del objeto y el radio del agujero negro, que son directamente proporcionales. Recordando que la masa es la densidad multiplicada por el volumen, se puede ver que la densidad de un agujero negro decrece con el cuadrado de su masa. Un agujero negro muy masivo es grande, pero muy poco denso. Uno muy poco masivo es pequeño, pero muy denso. De aquí también la idea de que el Universo sea un agujero negro. Los cálculos permitirían que fuese así. De hecho, datos recientes, pero aún preliminares, del nuevo **telescopio espacial James Webb, sucesor del Hubble**, podrían sugerir que nuestro Universo está dentro de un agujero negro. El James Webb está situado en el punto de Lagrange 2 del sistema

---

141. En España, con el Príncipe de Asturias y con el Fronteras del Conocimiento de la Fundación BBVA.

Simulación gráfica de un agujero negro ubicado frente
a la Gran Nube de Magallanes.

Tierra-Sol, es decir a 1,5 millones de km de nuestro planeta en el
eje Tierra-Sol, en el lado nocturno de la Tierra. Desde este punto
sin gravedad, la Tierra se ve oscura y rodeada de un estrecho aro
solar. Es un lugar protegido del Sol y estable, ya que las fuerzas
de atracción de la Tierra y del Sol —que van ambas en el mismo
sentido— quedan justo compensadas por la fuerza centrífuga,
debida a la órbita casi circular del telescopio Webb alrededor del
Sol.

En el horizonte de sucesos de un agujero negro los relojes —es
decir, el paso del tiempo— se paran para nosotros, observadores
externos, debido a la dilatación del tiempo causada por el intenso
campo gravitatorio, o —más correctamente— por la intensa energía potencial gravitatoria. No nos llegan señales de ese horizonte,
todo se congela temporalmente, las vibraciones y los movimientos
que producen ondas se paran. Pero el observador que cae en el
agujero negro no percibe nada de todo esto: en un tiempo finito atraviesa el horizonte y continúa su caída hacia el centro del
agujero, o así nos lo imaginamos. La conservación de la energía

requiere una reflexión algo diferente en estas circunstancias, ya que el observador externo no ve que nada atraviese el horizonte, sino que se desvanece allí, pero sí observa que la masa del agujero negro aumenta, y que por ello su horizonte, dado por el radio de Schwarzschild, se acerca.

En el año 1974, Hawking demuestra teóricamente que los agujeros negros emiten una radiación electromagnética, llamada **radiación de Hawking**. No son pues negros o —si se prefiere— son negros, pero a una cierta temperatura, por lo que emitirán la radiación del cuerpo negro que corresponde a esta temperatura. Esta temperatura de Hawking viene dada por la fórmula

$$T_H = hc^3/16\pi^2 GMk \quad (12.1),$$

siendo M la masa del agujero negro. Escribiéndola de forma más sencilla en función de la constante gravitacional de Einstein —$8\pi G/c^4$ (capítulo 5)— y de la longitud de onda de Compton del agujero negro —h/Mc (6.1)—, se reconocen sus orígenes gravitatorio-relativistas y cuántico-relativistas inmediatamente. Obviamente, al emitir una radiación, el agujero negro pierde energía, es decir masa. Así, los agujeros negros muy ligeros, al tener una temperatura de Hawking muy elevada, pierden masa rápidamente y pueden evaporarse, desaparecer.[142] Los muy masivos pierden masa muy lentamente. El tiempo de evaporación es proporcional a $R_S^2 M/h$, donde R_S es el radio de Schwarzschild, (5.1). Nótese

---

142. Al diseñarse los potentísimos aceleradores del CERN, algunos físicos teóricos sugirieron que quizás las colisiones generarían miniagujeros negros capaces de englutir el detector, el CERN... y toda la Tierra. Los cálculos indicaron que, aunque no fuese imposible, era tan extraordinariamente improbable como que una persona atraviese una pared por el efecto túnel.

la proporcionalidad con el área de la superficie del agujero negro, $4\pi\, R_S^{\,2}$, y que, sin efectos cuánticos, es decir poniendo h=0, al no haber evaporación, ya que esta es un efecto cuántico, este tiempo se hace infinito, como debe ser.

El papel de los agujeros negros ligeros en los primeros instantes del Universo aún no se ha podido estudiar suficientemente por falta de datos adecuados. No olvidemos que la radiación de Hawking, que, al ser térmica, no contiene prácticamente información, aún no se ha podido observar experimentalmente.

La presencia de la constante de Planck en la fórmula (12.1) indica que se trata de un fenómeno cuántico que ocurre allí donde la relatividad general alcanza sus límites de validez. Esto nos permite interpretar esta radiación como debida a las fluctuaciones cuánticas del vacío cercano al horizonte de sucesos del agujero negro. De las partículas virtuales fugazmente creadas por el principio de incertidumbre de Heisenberg y que representan estas fluctuaciones, unas atraviesan el horizonte, cayendo en el agujero negro, y otras se alejan de él, escapando como partículas reales, con energía positiva: es la radiación de Hawking. Las partículas virtuales absorbidas por el agujero negro disminuyen la masa de este, puesto que tienen necesariamente energía negativa. Se puede considerar este fenómeno el primero de la gravitación cuántica, el Santo Grial que falta por hallar, construir y entender para, quizás, llegar algún día a una **Teoría de Todo**. Pero para ello falta aún mucho, y, claro, falta observar a los **gravitones**,[143] los cuantos de la gravitación, sin masa ni carga de ningún tipo, como los fotones, pero con espín 2 en vez de 1. Volveremos a ello brevemente en la coda. Nótese que (12.1)

---

143. Partículas de espacio-tiempo. No sentirse incómodo con este concepto solo puede ser debido a que no se ha reflexionado suficientemente sobre lo que significa.

combina las cuatro constantes fundamentales de la naturaleza, G, k, h y c, asociadas a Newton, Boltzmann, Planck y Einstein.

Poco después del trabajo de Hawking empezó un debate sobre el destino de la información[144] englutida por un agujero negro: ¿desaparecía para siempre o volvería a aparecer de forma sutil en la radiación de Hawking? La mecánica cuántica sugería, dado que sus ecuaciones dinámicas —debido a su carácter unitario— conservan la información, que tenía que volver a aparecer, quizás en forma de entrelazamiento; mientras que la relatividad general, para la que los agujeros negros están más allá de sus límites, abonaba la idea de desaparición de la información. Hawking defendió este último punto de vista y parece ser que finalmente perdió la apuesta con John Preskill. La solución definitiva de esta paradoja probablemente tenga que esperar a una **teoría cuántica de la gravedad** definitiva, una teoría coherente con las ideas cuánticas Y TAMBIÉN con las relativistas, a la vez. Esto no ocurrirá mañana.

Unos 25 años más tarde, llegó el último gran *shock* de la cosmología observacional: Saul Perlmutter (1959), Brian Schmidt (1967) y Adam Riess (1969) descubrieron, gracias a la observación de los desplazamientos hacia el rojo de supernovas lejanas, que la expansión del Universo no se estaba frenando, como todos esperaban y como era esperable, ya que la gravitación es atractiva, sino que se estaba acelerando. Recibieron por este resultado absolutamente inesperado y extraordinariamente desorientador el Premio Nobel en el año 2011.

Un cierto tipo de supernovas, que son todas debidas a explosiones muy energéticas de ciertas estrellas, tienen la característica

---

144. ¿Qué pasa si se tira *El Quijote* en un agujero negro? ¿Todas sus descripciones y reflexiones desaparecen? Quizás desaparezca el significado, pero no la información (ver siguiente capítulo).

de ser muy uniformes, es decir, con poquísima variabilidad, por lo que, una vez que se observa su luminosidad, podemos saber inmediatamente la distancia a la que están, sin necesitar saber nada más de ellas. Así acabaron siendo el «metro», «patrón» o «regla», con los que los cosmólogos miden distancias.

¿Qué significa que el **Universo se expansione aceleradamente**? ¿Qué fuerzas pueden causar esta aceleración? Se cree que no siempre fue así, que solo durante los últimos 5 a 7 mil millones de años se expansiona aceleradamente, y que antes —cuando dominaba la materia oscura, es decir, la gravitación— la expansión se frenaba. Esto recuerda lo que en termodinámica se llama una transición de fase, o cuando las fuerzas nucleares fuertes pasan de no confinar el color a confinarlo, o el momento en que los bosones responsables de las fuerzas nucleares débiles adquirieron masa por rotura espontánea de la simetría de gauge. Pero quizás no sea una

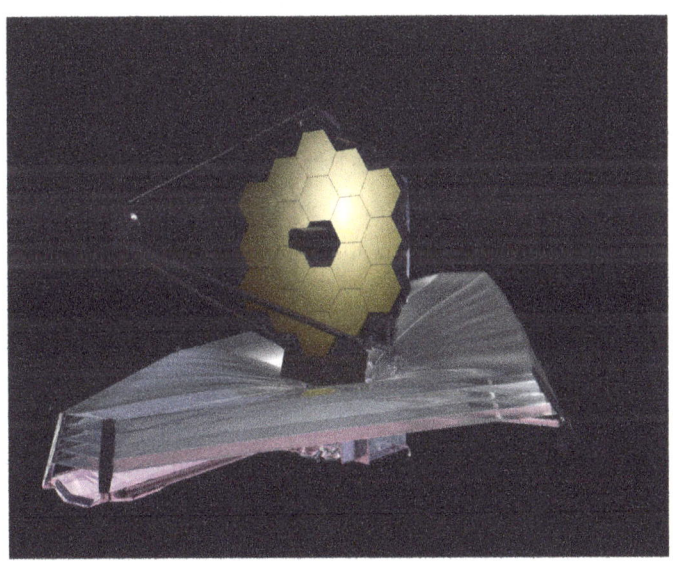

Telescopio espacial James Webb.

transición abrupta, sino una continua. La causa de esta aceleración, cuando no se busca un compromiso con teorías o modelos concretos, se llama **energía oscura**, y corresponde a un 70 % de la masa-energía del Universo. Es como una antigravedad, ya que repele, pero no disminuye con la distancia, por lo que es difícil de imaginársela como debida al intercambio de bosones de gauge, o como debida a una quinta fuerza, muy distinta de las conocidas. Hasta el año 2025 la energía oscura parecía constante en el espacio-tiempo, al menos durante esos 5 a 7 mil millones de años.

En el marco de la gravitación de Einstein, es decir, de las ecuaciones de la relatividad general, la «explicación» más sencilla sería la reintroducción de la constante cosmológica. Esta se interpretaría como una energía positiva del vacío cuántico, con densidad de energía constante, que efectivamente produciría una aceleración homogénea e isótropa, y constante, como la observada. Pero su valor es muchísimos ordenes de magnitud más pequeño —120 órdenes— de lo que las teorías cuánticas de campos predicen. Curiosamente, multiplicando su valor actual —bastante incierto y extraordinariamente pequeño en unidades estándar— por la distancia recorrida por la luz desde el Big Bang hasta hoy, elevada al cuadrado —número extraordinariamente grande en unidades estándar—, para así hacerla adimensional, resulta aproximadamente el valor 2. Además, siendo constante, su contribución a la energía total del Universo sería creciente, al expandirse este. Pero quizás no sea constante.

Un Universo en expansión acelerada implica, además, que cualquier parte del Universo que hemos podido observar u observamos se alejará de nosotros, en un futuro más o menos lejano, a la velocidad de la luz y así atravesará el horizonte de sucesos cósmico, perdiéndosenos para siempre. Se denomina el *Big Rip*, el Gran Desgarro o Desgarramiento. Es la soledad cósmica.

Muy recientemente, la colaboración internacional DESI,[145] *Dark Energy Spectroscopic Instrument* (instrumento espectroscópico de energía oscura), con casi mil investigadores —y en la que participan varios grupos españoles— ha estudiado la evolución de muchos millones de galaxias durante los últimos 11 mil millones de años, concluyendo —provisionalmente— que, en apariencia, la densidad de energía del vacío sí varia con el tiempo, en contra de lo que afirma el modelo cosmológico estándar actual. La constante cosmológica no sería entonces constante en la evolución del Universo,[146] le pasaría como a la constante de Hubble, que tampoco lo es, como se ha mencionado.

Estas parecen ser las preguntas más inquietantes de la cosmología. Quizás tengan que ver con problemas en la medición de la constante de Hubble, es decir, de la expansión del Universo, que ya han pasado por algunas fases de incertidumbre o no suficientemente entendidas. Las medidas cada vez más precisas de la radiación de fondo cósmica, del telescopio espacial James Webb, de la densidad de energía del Universo o alguna idea revolucionaria darán, probablemente, respuestas a este enjambre de preguntas que la aceleración de la expansión ha provocado. Serían, además, esenciales para conocer el futuro del Universo, en expansión eterna o hacia una contracción con un *Big Crunch,* un Gran Colapso o Implosión finales, o quizás un *Big Bounce,* un Gran Rebote repetitivo. Palabras mayores.

Podríamos acabar estos dos capítulos dedicados a las grandes ideas cosmológicas con la cita de Perlmutter con la que se abre este,

---

145. No confundir con el DESY, *Deutsches Elektronen-Synchrotron,* el sincrotrón de electrones alemán, situado en Hamburgo.

146. Quizás esto permita entender mejor su significado y el papel de la energía en cosmología. Quizás lo que es constante es su versión adimensional, mencionada unas líneas más arriba.

pero en una parte muchísimo más cercana del espacio cósmico se hizo un descubrimiento, que, por su impacto, no podemos ignorar. Los astrofísicos suizos Didier Queloz (1966) y Michel Mayor (1942) —su director de tesis— descubrieron en el año 1995 el primer planeta extrasolar, orbitando alrededor de una estrella situada a 50 años luz y similar al Sol. Por este descubrimiento revolucionario recibieron el Premio Nobel en el año 2019.

Evidentemente no se observa un **exoplaneta** directamente, sino la estrella alrededor de la cual se mueve, y así las consecuencias de su presencia: un débil movimiento oscilatorio de la estrella, ya que el planeta y su estrella orbitan alrededor de su centro de gravedad común, no alrededor del centro de la estrella; y una débil atenuación de la luminosidad observada, con suerte, al transitar el planeta frente a la estrella en la línea estrella-exoplaneta-Tierra.

Desde entonces se han descubierto miles de exoplanetas, algunos de ellos similares a nuestra Tierra, por lo que la posibilidad de encontrar en otro sistema solar vida, sea esta similar a la nuestra o basada en una bioquímica distinta, se ha hecho bastante, incluso muy probable. Algunos creen que esto ocurrirá en un futuro que muchos lectores jóvenes aún conocerán, aunque detectar vida requiera estudiar la atmósfera de un exoplaneta, y su composición, pero esto no es tan impensable para nuestras posibilidades tecnológicas actuales. De hecho, muy recientemente, el telescopio espacial James Webb ha detectado en un exoplaneta a más de 100 años luz indicios de moléculas que —en la Tierra— son producidas por fitoplancton y bacterias. Si fuese cierto, y si se pudiese confirmar su origen biológico con un cierto nivel de confianza, significaría que la bioquímica que conocemos en la Tierra podría ser universal. Que esa vida haya dado lugar a alguna inteligencia, suponiendo que la podamos reconocer como tal, es harina de otro costal.

La observación de las lunas, es decir, satélites naturales de los exoplanetas, aún tendrá que esperar unos años. Parece que en nuestro sistema solar son las lunas, muchísimo más numerosas que los planetas, las que con más probabilidad podrían albergar vida extraterrestre.

13

De Shannon (1948), pasando por los ordenadores digitales, a Feynman (1982): la última revolución cuántica

«Información es la resolución de la incertidumbre». (C. Shannon)

«Es sorprendente cuántas personas utilizan un ordenador para hacer algo que harían en menos tiempo con papel y lápiz». (R. Feynman)

Tras las revoluciones microscópicas, macroscópicas y cosmológicas del siglo xx, pasamos ahora a la interfase entre lo microscópico y lo macroscópico, por la vía de la información y de la comunicación.[147] Claude Shannon (1916-2001) es considerado el fundador de la **teoría de la información y de la comunicación**. Estudió matemáticas e ingeniería eléctrica. Construyó circuitos digitales para materializar las puertas lógicas. Estas son operaciones muy

147. No consideraremos pues la revolución de los sistemas complejos, ni, en particular, su versión de la teoría del caos, típica de los sistemas dinámicos, iniciada por Poincaré, a pesar de haber obtenido algunos extraordinarios resultados —aún poco comprendidos— como la constante de Feigenbaum. Establece puentes con la biología de poblaciones, la economía de mercados, la meteorología y la climatología. La emergencia es también, según el contexto, una forma de tratar lo complejo. La inteligencia artificial contribuirá a esclarecer estos problemas complejos, pero ricos en datos.

231

elementales sobre uno o dos **bits**, dígito binario, cero o uno, que permiten sumar, y por ello realizar cualquier cálculo aritmético, como ya había demostrado Leibniz en el siglo XVII. La **puerta lógica** más sencilla es NOT, que transforma el bit 0 en 1 y el 1 en 0. Una de las más útiles es CNOT, el no controlado, que tiene, además, un bit de control. Si este es 0, no cambia el bit objetivo, pero, si es 1, lo cambia, tal como lo hace NOT. Hay muchos otros, como AND, OR, XOR *(exclusive OR)*, y más sofisticados en el dominio cuántico.[148]

En el año 1948, trabajando en los Bell Labs —que toman su denominación de Alexander Bell, no de John Bell—, laboratorios de I&D de AT&T, la compañía telefónica de los Estados Unidos, Shannon publicó *A Mathematical Theory of Communication*, en la que explica cómo un emisor codifica un mensaje[149] con ceros y unos, cómo lo envía por un canal de comunicación con ruido —perturbado—, cómo se pueden corregir los errores de transmisión y cómo el receptor lo descodifica para leerlo sin pérdida de información. También explica cómo se puede comprimir el mensaje para utilizar más eficazmente el canal de transmisión. Tomó prestado de la física, concretamente de Boltzmann, el concepto de entropía para cuantificar la capacidad de informar de una fuente de mensajes. Esta **entropía de Shannon**[150] se define con una fór-

---

148. No consideraremos información analógica, representada por magnitudes físicas continuas.

149. En general, un conjunto de símbolos, como las letras de un alfabeto.

150. Se cuenta que la denominación «entropía» le fue sugerida a Shannon por Von Neumann, diciendo que le daría una gran ventaja en todo tipo de debates, puesto que nadie sabe a ciencia cierta lo que es la entropía. Para relacionarla con la entropía de Boltzmann, (1.1), se debe multiplicar (13.1) por kN, siendo N el número de letras del mensaje, que toma el lugar del número de partículas en la estadística de Boltzmann.

mula dada por una suma, Σ, de unas funciones dependientes de las «letras» del mensaje, numeradas por el índice «i», y que aparecen con probabilidad p_i,

$$H = - \Sigma \, p_i \log_2 p_i \quad (13.1).[151]$$

Así, si las letras son las del alfabeto español, el sumatorio en i va de 1 a 28. Si i=1 es la letra a, e i=28 es la letra z, p_1 será mucho mayor que p_{28} puesto que la z es mucho menos frecuente que la a en el español. Suponiendo —para simplificar— que para 10 letras la probabilidad sea 1/16, para 6 sea 1/32 y para las restantes 12 sea 1/64, la fórmula (13.1) daría, para este español simplificado, H = 73/16. Esto significa que el contenido medio de información de una letra en el idioma español simplificado está entre 4 y 5 bits. Nótese que el idioma más informativo con 28 letras correspondería a una probabilidad uniforme, la misma para todas las letras, p_i = 1/28, que, utilizando (13.1), también da un valor ligeramente inferior a 5 bits. Pero los idiomas son muy redundantes, algo esencial para entendernos, aunque se hablen o se pronuncien incorrectamente, y el valor real está cerca de 1 bit.

Un año más tarde, Shannon publicó un artículo sobre la teoría de la comunicación de mensajes secretos, sentando una actividad humana milenaria sobre una base científica sólida: la criptografía. La unidad de contenido de información de un mensaje se llamó el shannon, denominación que no cuajó, mientras que se impuso universalmente el bit.

---

151. H es la letra griega η, eta, mayúscula; no se debe confundir con la constante de Hubble. Véase también la nota 4 a pie de página del capítulo 1. $\log_2 2^x = x$ es el logaritmo en base 2, $\log_2 1/x = -\log_2 x$.

Conviene precisar que la información es, para Shannon, un concepto puramente matemático, independiente del significado o sentido, y por ello no corresponde a lo que se entiende comúnmente por información. Al codificar la palabra «amor» se utiliza una ristra de ceros y unos, y, al codificar una palabra de cuatro letras sin sentido en español, como «xjñz», también se utiliza una ristra de ceros y unos, cuyo aspecto es perfectamente comparable al de la palabra con sentido. Nadie puede distinguir series de ceros y unos con sentido de series sin sentido, sin descodificarlas. Pero, si un miembro de la camorra quiere transmitir solo una de dos informaciones —limitación ya conocida previamente por el receptor—, como «mátalo» o «abrázalo», basta con que envíe un solo bit: 0 para la primera orden y 1 para la segunda. Sería extremadamente ineficaz codificar la palabra «mátalo» o «abrázalo» y enviar la correspondiente ristra de ceros y unos. La eficacia de la codificación depende del conocimiento previo del receptor. El estudio del significado de las palabras corresponde a la semántica, una disciplina de la lingüística, no a la ciencia de la información, aunque en la actualidad esta frontera disciplinaria, como muchas otras, se esté borrando, aún más con el desarrollo fulgurante de la inteligencia artificial.

Nótese la diferencia entre la capacidad de informar de un lenguaje y la información contenida en una palabra o frase concreta, que, heurísticamente, es proporcional a la sorpresa que nos produce, o —en otras palabras— inversamente proporcional a su probabilidad. Así, «has ganado el gordo» contiene más información que «no has ganado el gordo», porque es menos probable, pero esto requiere entender su significado, que ya es del dominio de la semántica.

La evolución, es decir, el azar y la selección natural, ya había inventado —hace unos cuatro mil millones de años— un sistema de información y comunicación que tiene quizás todas las características del de Shannon: el ADN, con sus cuatro «letras» (A, C, G, T), sus «palabras» (codones), sus «frases» (genes), su transcripción en aminoácidos y proteínas, su redundancia, etc. Pero el trabajo de Shannon fue anterior al descubrimiento de la estructura del ADN, aunque por poco.

Pocos años antes, en el año 1945, Von Neumann publicó lo que se dio en llamar la **arquitectura de Von Neumann**, el modelo de organización de los ordenadores modernos, en el que una memoria única permite almacenar tanto el programa como los datos. Hasta entonces los ordenadores estaban encorsetados por un programa fijo, integrado físicamente en el *hardware*. Su arquitectura permitía cambiar rápidamente de programa sin tocar la

MareNostrum 4 (vista frontal), en Barcelona.

infraestructura material. Se acercaba así al modelo matemático de la **máquina universal de Turing**, conceptualizado por este menos de diez años antes, aunque le faltaba, evidentemente, la memoria infinita esencial en el modelo de Turing. Pero, en principio, todo lo que es calculable en una máquina de Turing lo es en una de Von Neumann, y viceversa.

Esta arquitectura ya fue en parte inventada por Konrad Zuse (1910-1995) en el año 1936 y fue realizada por este algunos años más tarde, durante la Segunda Guerra Mundial,[152] en probablemente el primer ordenador digital de la historia. Consta de la unidad lógica o procesador, la unidad de control, estas dos llamadas conjuntamente CPU, el bus o sistema de comunicación, la memoria y las unidades de entrada y salida. Su limitación más importante —el cuello de botella de la arquitectura de Von Neumann— es debido al bus, que es utilizado secuencialmente tanto por los datos como por las órdenes del programa: *one-word-at-a-time thinking*, pensamiento palabra tras palabra.[153]

Volvamos a otro actor, activo en el mundo de la comunicación, de la información y del cifrado en estos años de guerra: Alan Turing (1912-1954) —que había conocido a Einstein y a Von Neumann en Princeton— y que encontró en el famoso Bletchley Park (Inglaterra) la clave para interceptar y descifrar los mensajes de Enigma, el sistema ultrasofisticado de comunicación que el ejército alemán utilizó durante la última contienda mundial. Sus extraor-

---

152. Por lo que es muy poco probable que Von Neumann supiera algo del trabajo que Zuse hacía en Alemania.

153. Así es, por cierto, cómo funciona nuestro pensamiento consciente. El famoso y comprobado *multitasking* femenino es también secuencial, pero el ritmo del cambio es tan rápido que parece simultáneo.

dinarias y variadas contribuciones lógicas, matemáticas y computacionales, no solo fundamentales,[154] sino también prácticas, no impidieron que fuera acusado de comportamiento moralmente inadecuado, lo que, tras ser detenido y juzgado, lo llevó al suicidio por envenenamiento.[155] Haber salvado —con toda probabilidad— la vida a millones de personas contó menos que una rancia moral victoriana, hoy, y quizás incluso entonces, difícil de comprender.

Los **semiconductores** son unos sólidos cuya conductividad eléctrica está entre la de los aislantes, que es nula, y la de los conductores. Los metales —que son conductores— suelen tener los átomos parcialmente ionizados ordenados en estructuras regulares, como cristales, y una parte de los electrones separados de los átomos es la que conduce el calor y la electricidad. En los cristales, en vez de tener los niveles de energía discretos y separados típicos de los átomos, que se observan como líneas de emisión o absorción de radiación electromagnética, el marco de la cuantización implica bandas continuas de niveles de energía permitidos, separadas por bandas de niveles prohibidos. La estadística de Fermi-Dirac, construida sobre el principio de exclusión de Pauli, permite explicar esta **estructura en bandas**. En los metales son los electrones en la

---

154. Como había hecho antes Gödel, resolvió uno de los grandes problemas enunciados por Hilbert, el *Entscheidungsproblem,* el «problema de la decisión», planteado siglos antes por Leibniz: ¿existe un procedimiento para poder contestar siempre la pregunta de si la corrección o la falsedad de una proposición matemática es demostrable? Turing demostró, siguiendo el método autorreferencial de Gödel, que no existe. Nótese que no se trata de demostrar la proposición, sino solo de demostrar que se pueda demostrar su verdad o falsedad. Las matemáticas son aún más complejas de lo que se pensaba.

155. De los grandes genios revolucionarios matemáticos post-Hilbert y post-Poincaré, Gödel murió de hambre por miedo a que le envenenaran, y Turing se envenenó comiendo una manzana con cianuro. Curiosamente, una manzana mordida es el logotipo de Apple.

última banda, solo parcialmente ocupada, llamada de *conducción,* los que —gracias a su movilidad— explican la conductividad. En los aislantes esta banda está vacía. La banda de conducción está separada de la inferior por una brecha, una banda prohibida por las reglas de la mecánica cuántica. La inferior, que se llama banda de *valencia,* está totalmente ocupada, por lo que no hay movilidad electrónica ni, por ello, conductividad (recuérdese el mar de Dirac del capítulo 8).

En los semiconductores la brecha es estrecha y a muy baja temperatura son aislantes. Al aumentar la temperatura, algunos electrones saltan —superando la brecha gracias al movimiento térmico— de la banda de valencia a la banda de conducción, por lo que se transforman en conductores. Además de los electrones móviles, tienen entonces también en la banda inferior —la de valencia— los **huecos** dejados por los electrones que han saltado a la banda superior. Estos huecos de carga eléctrica positiva también son móviles y por ello conducen electricidad. Son un ejemplo de cuasipartícula, de corpúsculos que aparecen bajo circunstancias específicas en ciertos medios materiales, y que tienen las características de una partícula, sin serlo. Suelen tener denominaciones exóticas como plasmones y excitones.

Los semiconductores elementales más conocidos son el silicio y el germanio, ambos químicamente en el grupo del carbono, que tienen 4 electrones en el nivel atómico de energía más alta. Estos semiconductores se llaman intrínsecos por ser de un único elemento químico, pero también hay semiconductores extrínsecos, como el arseniuro de galio, formados por varios elementos químicos. Con la ayuda del **dopaje,** añadiendo átomos de elementos químicos de los grupos adyacentes, llamados impurezas, y por ello propensos a donar o aceptar un electrón, aún se pueden reforzar sus propiedades. Si la impureza es donadora, como el arsénico, puesto que tiene 5 electrones en su nivel más alto, el semiconductor se llama de tipo n (negativo). Cuando la impureza es aceptadora, como el galio, porque solo tiene 3 electrones en el último nivel, crea un hueco de carga positiva, y el semiconductor se llama de tipo p.

Cuando se ponen juntos, en contacto íntimo, un semiconductor p con uno n, se habla de una *unión* pn, que actúa como puerta que controla el flujo de la corriente, dejándola pasar más fácilmente en un sentido que en el otro, por lo que se utiliza en electrónica como rectificador y regulador.

La aplicación más importante y conocida de los semiconductores es el **transistor**, que es una *doble unión,* como un sándwich, formada por dos semiconductores externos del mismo tipo separados por un disco fino de un semiconductor de tipo opuesto, llamado base, y que sirve para controlar y modular el paso de la corriente entre los dos externos, denominados emisor y colector. Como se mencionó en la nota 100 a pie de página del capítulo 8, John Bardeen (1908-1991), Walter Brattain (1902-1987) y William Shockley (1910-1989) recibieron por este descubrimiento el Premio Nobel de Física del año 1956. Es otro ejemplo de cómo la investigación muy cercana a la fundamental, en este caso la de los sólidos —realizada, por cierto, en los famosísimos Bell Labs y no en un centro público de investigación—, acaba dando lugar a desarrollos tecnológicos cuyos beneficios superan con creces las inversiones en la investigación fundamental que los permitieron.

Según el tipo de semiconductores, los transistores son de tipo p-n-p o bien n-p-n. En los primeros, son las cargas positivas (huecos) las que dominan la corriente; en los segundos son las negativas (electrones) las que lo hacen. El secreto de los transistores se debe a que con una corriente muy débil que entra en la base, debida a un

Un microchip.

potencial inferior a un voltio, se controla una corriente mucho más intensa que pasa del emisor al colector. Es como una llave de paso. Uno de los retos más importantes de los transistores es disipar rápidamente el calor producido por las corrientes que circulan por ellos.[156] Otro es que el silicio, germanio, galio y arsénico deben ser extraordinariamente puros. Los transistores necesitan tres contactos metálicos, uno para cada semiconductor, y son los constituyentes de los **circuitos integrados** o **chips**, piezas centrales de los ordenadores y de muchos otros artilugios electrónicos. Esto es debido a que permiten realizar materialmente —y de forma eficaz— las redes de puertas lógicas matemáticas, base de cualquier operación aritmética.

La densidad de los circuitos integrados ha seguido con bastante precisión —y sorprendentemente— la ley de Moore, formulada en el año 1965 por Gordon Moore, CEO de Intel, cuando pronosticó que la densidad de transistores en un circuito integrado doblaría cada dos años. Así, pasó en 60 años de escalas de 30 micrómetros a escalas del nanómetro, como corresponde a una densidad mil millones de veces más elevada. Es esperable que esta ley, al llegarse a las escalas atómicas —subnanométricas—, pronto deje de cumplirse, aunque la increíble creatividad de los ingenieros y de los informáticos siempre ha encontrado soluciones a los problemas «irresolubles» que han ido apareciendo. Quizás sea esta vez la tec-

---

156. Continúa siendo hoy en día un grandísimo reto para las «fábricas» de inteligencia artificial y los macrocentros de datos.

nología asociada a la información cuántica la que ayude a salvar la ley, o la fotónica, la sustitución de electrones por fotones.

Las fábricas de chips o microchips, el diseño de estos y las máquinas necesarias para imprimirlos sobre un semiconductor muy puro son todas de tecnología puntera y extraordinariamente costosas. Las más avanzadas están distribuidas entre los Estados Unidos —como NVIDIA e Intel—, Taiwan —como TSMC—, Corea del Sur —como Samsung—, y los Países Bajos —como ASML—.

La conexión entre la física y la teoría de la información fue analizada cuidadosamente en esos años por Rolf Landauer, investigando en IBM. En el año 1961 formuló el principio que lleva su nombre, que afirma que, en toda operación irreversible, como borrar un bit de memoria, la entropía aumenta y la cantidad mínima de energía asociada, esencialmente kT, se disipa en forma de calor.[157]

Este **principio de Landauer** permitió resolver una **paradoja planteada por Maxwell con su diablillo** un siglo antes. Imagínese que un recinto lleno de un gas a una cierta temperatura está dividido en dos partes por una separación, la cual tiene una pequeña trampilla que un diablillo inteligente puede abrir y cerrar rápidamente —al ver que se acerca una molécula del gas con velocidad superior a la media de un lado, o con velocidad inferior a la media del otro lado— para dejarla pasar. Al cabo de un rato, la temperatura en el lado que ha acumulado las moléculas rápidas será superior a la del otro lado, que ha acumulado las lentas. La

---

157. La fórmula que las relaciona es $\Delta S = \Delta Q/T$, debida a Clausius, por lo que un bit borrado aumenta la entropía en una cantidad k. En la realidad tecnológica de nuestros ordenadores actuales se disipa muchísimo más calor. Si el lector no quiere contribuir demasiado al cambio climático, mejor que apriete la tecla *delete* en un lugar frío.

entropía total habrá disminuido, puesto que se ha creado un cierto orden. La segunda ley de la termodinámica parece que no se cumple. Maxwell, con su poderoso cerebro, tuvo buen cuidado en no llegar a ninguna conclusión. Probablemente era de alguna forma consciente de que la ciencia de su época aún no permitía resolver este dilema.

Fue Szilárd quien, en el año 1929, entendió que la solución de la paradoja estaba en la información adquirida por el diablillo, necesaria para abrir o cerrar la trampilla. De este modo, fue el primero en relacionar la física, concretamente la entropía, con la naciente ciencia de la información. Finalmente, fueron Bennett y Landauer los que dieron, en los años 80, con la solución, aún algo controvertida: el diablillo, al tener una capacidad de memoria limitada, debe —de vez en cuando— borrar su memoria para utilizarla de nuevo, y la entropía producida según el principio de Landauer compensa la disminución de entropía mencionada por Maxwell, de forma que se cumple la segunda ley de la termodinámica.

En el año 1959, Richard Feynman impartió en Caltech, el Instituto de Tecnología de California —que albergó sus debates, su colaboración y su rivalidad con el otro gran titán de esos años, Murray Gell-Mann—, la célebre conferencia titulada *There is plenty of room at the bottom*, «Hay mucho espacio en el fondo». En ella afirmó que la manipulación de átomos individuales revolucionaría la química sintética, al igual que la construcción de ordenadores y microscopios, como así ha ocurrido, y llevaría a la construcción de máquinas extremadamente pequeñas, como robots, por debajo del micrómetro, de probable gran importancia en medicina u otros campos. Algunos consideran esta conferencia, que, según parece, impartió magistralmente y sin notas, y de la que existen muchas versiones escritas diferentes, el punto de partida de las nanotecnologías.

Feynman volvió a ser pionero en otro nuevo campo de la ciencia en una conferencia impartida en el año 1981, también en Caltech, y publicada al año siguiente, *Simulating physics with computers*, «Simulando física con ordenadores», en la que introduce la idea de un **ordenador cuántico**. Feynman analiza y explica la razón por la que simular la física cuántica no es posible de forma aceptablemente eficaz con ningún ordenador digital existente, ya que el tamaño de este debe crecer mucho más rápidamente que el del sistema que se quiere simular. Esto se entiende fácilmente comparando los espacios de Hilbert con los espacios de la física clásica, como se hizo en el capítulo 6, que son equivalentes a los de los ordenadores clásicos. Tampoco las correlaciones cuánticas son «simulables», al ir más allá de lo que van las clásicas. También desafió a los científicos computacionales a que clasificaran en niveles de complejidad los sistemas cuánticos, tal y como se había hecho con los problemas clásicos. Acabó de la forma feynmaniana más idiosincrásica y pura: «La Naturaleza no es clásica, córcholis, y, si la quieres simular, más vale que lo hagas de forma cuántica, recórcholis, y es un problema maravilloso, porque no parece muy sencillo».[158]

Con esto empieza la última revolución cuántica.

---

158. «*Nature isn't classical, dammit, and if you want to make a simulation of nature, you'd better make it quantum mechanical, and by golly it's a wonderful problem, because it doesn't look easy*».

14

Información, criptografía, teleportación, decoherencia y computación cuántica: un futuro tecnológico interesantemente incierto

«El mundo de la mecánica cuántica no es el mundo de nuestra intuición.
Es un mundo extraño, muy extraño». (P. Shor)

El mismo año en que Feynman introdujo la idea o, más bien, la necesidad de un ordenador cuántico, Paul Benioff (1930-2022) demostró que las puertas lógicas reversibles, que permiten utilizar las salidas como entradas y viceversa, son equivalentes a transformaciones unitarias, que son las que caracterizan la evolución dada por las ecuaciones que describen la dinámica de la mecánica cuántica. Un par de años antes ya había propuesto un modelo mecánico-cuántico de una máquina de Turing, basado en un trabajo previo de Charles Bennett (1943),[159] investigador de IBM, sobre máquinas de Turing reversibles. Estos trabajos preparan la introducción de los conceptos cuánticos —que necesitan la reversibilidad— en la computación.

En el año 1985 David Deutsch (1953) generalizó la máquina de Turing al dominio cuántico, ampliando la teoría de la complejidad

---

159. Galardonado con muchísimos premios, entre ellos el Wolf de Física y el de Fronteras del Conocimiento de la Fundación BBVA.

computacional al mundo cuántico. Esbozó también el primer ejemplo de algoritmo cuántico exponencialmente más rápido que cualquier algoritmo clásico comparable. El camino hacia el ordenador cuántico se empezaba a diseñar y a delimitar.

Antes de continuar, recordemos lo que significa una **medida en la mecánica cuántica**. Supongamos que queremos medir el espín de un electrón. Este puede apuntar en cualquier dirección del espacio. Consideremos un estado de espín hacia arriba. Entonces hay un estado, uno solo, ortogonal a él, el de espín hacia abajo. Ortogonal quiere decir que el producto interno de los dos estados, tal y como se define en su espacio de Hilbert, es nulo.[160] Estos dos estados forman así una base ortogonal (solo consideraremos bases ortogonales). Haciendo superposiciones de los dos estados de la base se pueden obtener todos los otros estados de espín, en cualquier dirección y sentido. Los dos que apuntan en sentidos opuestos en cualquier otra dirección también forman otra base. De este modo, espín hacia la derecha y hacia la izquierda también forman una base, y de nuevo se pueden obtener todos los estados de espín por superposición de estos. Los estados de una base son distintos y distinguibles; cuando son dos estados distintos, pero no ortogonales, no son distinguibles. Esto se entiende porque la medida cuántica es una interrogación del tipo: ¿en cuál de los dos estados de esta base concreta está el espín del electrón? Si sabemos que un estado tiene el espín hacia arriba o hacia abajo y hacemos una medida en esa dirección vertical, nos dará el resultado correcto con 100 % de

---

160. Aquí está en acción otra de las dificultades de la mecánica cuántica: lo que importa para entenderla es el espacio de Hilbert, no el espacio de cada día. Por ello los estados de dos espines antiparalelos en el espacio de siempre son ortogonales, porque lo son en el espacio de Hilbert, que para espín ½ tiene dos dimensiones complejas, en vez de las tres reales del espacio normal.

probabilidad, y ello SIN modificar el estado, es decir, sin **colapso**. Si sabemos que un estado tiene el espín hacia arriba o hacia la derecha, haremos una medida en la dirección vertical o transversal. Si decidimos hacer la primera y el estado tenía el espín hacia arriba, obtenemos el resultado correcto con un 100 % de probabilidad, sin colapso; pero, si lo tenía hacia la derecha, la medida dará el resultado hacia arriba o hacia abajo, con un 50 % de probabilidad, y el estado hacia la derecha colapsará al estado resultado de la medida. Así, si el resultado de la medida es hacia arriba, no sabremos con seguridad si el estado inicial era hacia arriba o hacia la derecha. Por eso no son distinguibles. La misma **no-distinguibilidad** se daría si hubiésemos escogido medir en la dirección transversal.

Estas medidas se efectúan experimentalmente con campos magnéticos no homogéneos, que actúan sobre el pequeño momento magnético asociado al espín, que es como un minúsculo imán, según el diseño de Stern y Gerlach. Otto Stern (1888-1969) recibió por ello el Premio Nobel en el año 1943.

Las medidas de la polarización de los fotones son análogas a las del espín del electrón, a pesar del espín 1 del fotón (véase nota 74 a pie de página). Los estados de polarización vertical y transversal, polarizados linealmente, forman una base, como se puede comprobar con cristales de gafas solares que solo dejan pasar una de las dos polarizaciones. Otra base está formada por los estados de polarización circular dextrógira y levógira; estos son superposiciones de los estados de polarización lineal. Los estados de un fotón polarizado lineal o circularmente son distintos, pero no distinguibles.

El concepto primigenio de la información y computación cuántica es el **qubit**, o **bit cuántico**. Un bit puede tomar solo los valores 0 y 1 y, asociándoles estados cuánticos —kets en el formalismo de Dirac (capítulo 7)—, |0> y |1> respectivamente, se define un qubit como cualquier superposición cuántica de estos dos kets de base. En los ejemplos de los párrafos anteriores, los dos estados de cualquier base se pueden utilizar como realización física de los bits 0 y 1. Nótese que las superposiciones en estos ejemplos son estados tan normales, especialmente para el espín de los electrones, como los estados de la base. Esto no es así generalmente. Baste recordar la superposición de dos estados localizados en zonas distintas del espacio, que es un estado sin localización definida.

Es evidente que la capacidad de transportar información de un qubit es superior a la de un bit; de hecho, se necesitan infinitos bits para describir un qubit arbitrario. Otra cosa es extraer esta información del qubit, algo que solo es posible midiendo, y por ello está limitado por las reglas de las medidas cuánticas y el colapso asociado, como acabamos de ver.

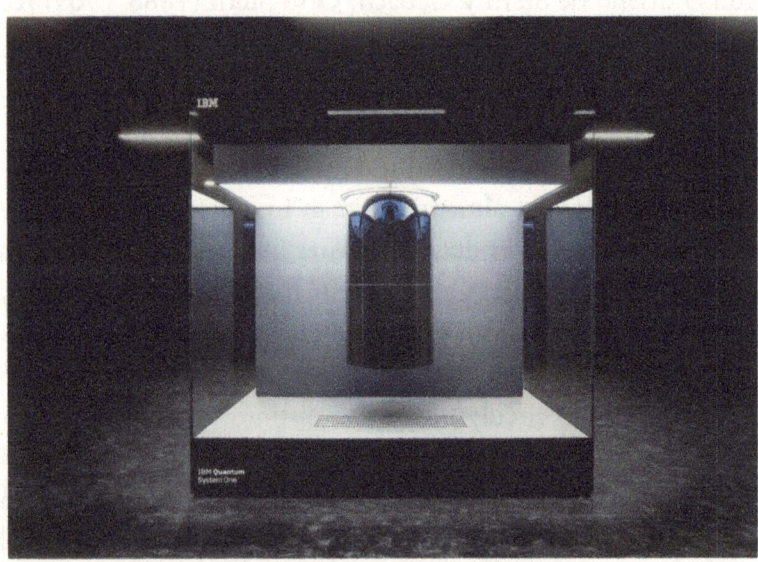

IBM Quantum System One en Ehningen, Alemania.

Había aplicaciones más sencillas de la naciente teoría de la información cuántica que la computación, como por ejemplo la criptografía, y que, por ello, se desarrollaron primero en aquellos años. Charles Bennett y Gilles Brassard propusieron en el año 1984 el primer protocolo de **criptografía cuántica**, denominado BB84 en su honor, basado en qubits, y en la no-distinguibilidad cuántica, es decir, en la no existencia de observables que permitan distinguir entre dos qubits distintos, pero no ortogonales, de forma determinista. Solo lo permiten hacer de forma probabilística, y por ello, estadística. El azar cuántico juega así también un papel esencial en este protocolo, que permite la distribución de una clave de forma pública y, a pesar de ello, secreta y segura, ya que cualquiera que quiera copiarla interfiere con el sistema de forma estadísticamente reconocible —debido al colapso—, indeterminada e incontrolable, que cualquier observación del estado que transporta la clave induce. El protocolo de Bennett y Brassard resuelve el problema clásico de la criptografía histórica, que era el de hacerle llegar al receptor la clave secreta para descifrar el mensaje, sin que nadie la hubiese podido interceptar. Es una sencilla aplicación de las características de la medida cuántica que se ha tratado más arriba en este capítulo: el emisor prepara el fotón en un cierto estado de polarización, por ejemplo, lineal, y el receptor mide la polarización del fotón al azar, de alguna manera, por ejemplo, circular. Y después se informan mutuamente por un canal clásico y abierto de cómo han escogido sus preparaciones y medidas. En este caso, habiendo escogido polarizaciones distintas, no les sirve y borran la información obtenida. Pero, cuando aleatoriamente —en un 50 % de los casos— han escogido la misma polarización, saben que el receptor obtendrá al medir, con un 100 % de seguridad, el mismo estado que el preparado por el emisor, por lo que este bit de información es el mismo para los dos, y de este modo lo conservan. Guardando así suficientes bits para poder utilizar algunos de ellos y hacer unas comprobaciones que permitan asegurarse de la no-interferencia de un *hacker*, se puede generar un código de cifrado secreto, compartido y seguro. Recuérdese que, aunque es público el tipo de polarización —por ejemplo, lineal— utilizado por los dos, el emisor y el receptor, no es público el resultado concreto de la preparación y medida, que es o vertical u horizontal, y que es el bit guardado para la clave secreta. Nicolas Gisin (1951) fue uno de los primeros que demostró en Ginebra —como es debido, dado el interés del mundo de las finanzas en transferir datos secretos— el funcionamiento del protocolo con fotones que comunicaban, mediante una fibra óptica, las dos orillas del lago Leman. Esta distribución de clave cuántica, QKD por sus siglas en inglés (Quantum Key Distribution), se está introduciendo rápidamente, sin mucha publicidad, en las comunicaciones muy sensibles. Nótese que la clave no se envía, sino que se genera en ambos lugares, el del emisor y el del receptor, y en ambos es un resultado del azar.

Hagamos una pausa para reflexionar sobre la **decoherencia cuántica**, o **pérdida de coherencia cuántica**. Mientras no haya medidas u observaciones, desintegraciones, aniquilación o creación de partículas, la dinámica dada por las ecuaciones de la mecánica cuántica, debido a su carácter unitario, mantiene lo que se llama la coherencia cuántica: las funciones de onda, o estados cuánticos, evolucionan en el tiempo según las ecuaciones dinámicas que incorporan las interacciones pertinentes, quizás entrelazándose, pero manteniendo una identidad. Lo hacen como si el resto del mundo no existiese. Este es el universo cuántico, que consideramos la más fiel representación de la realidad, pero que tiene poco que ver con el clásico, el que conocen todos los humanos de nuestro planeta. La comprensión del mundo clásico se basa en organizar el conocimiento mediante objetos, unidades, colectividades. En pocas palabras, delimitando y compartimentando, ignorando —por inobservable— toda interacción microscópica del entorno, manteniendo solo la macroscópica, para facilitar el entendimiento. Delimitar es incompatible con el entrelazamiento, que trasciende los límites. Formalmente, ignorar el entrelazado corresponde a pasar de correlaciones cuánticas a correlaciones clásicas, más débiles, y pasar de superposiciones cuánticas a una descripción probabilística clásica. Esto implica la pérdida de coherencia cuántica, que es lo que se denomina la decoherencia. El colapso de la medida tiene el mismo origen. Los átomos del aparato de medida macroscópico, en número inverosímilmente alto, se entrelazan con la partícula que estamos observando, pero, como este entrelazado es inobservable para los humanos, separamos nítidamente el aparato de medida —en el que los efectos cuánticos se han difuminado— del sistema físico microscópico que se estudia, y ello conduce a la decoherencia del colapso. Esto forma parte integrante de la ya mencionada, en el capítulo 7, interpretación de Copenhague. Por la misma razón tampoco hay gatos de Schrödinger.[161] La decoherencia es consecuencia de ignorar lo incognoscible. Sin embargo, es un concepto no aceptado como definitivo por algunos de los físicos que lo conocen.

Pero la observación de sistemas cuánticos de dimensiones cada vez mayores, permitida por avances tecnológicos, nos indica que, muy probablemente, haya una continuidad entre lo cuántico

---

161. Hawking dijo, a su manera, esta maravillosa frase: «*When I hear of Schrödinger's cat, I reach for my gun*» («Cuando oigo hablar del gato de Schödinger, echo mano de mi pistola»), británica y sutilmente irónica.

y lo clásico, y que la dicotomía de la interpretación de Copenhague sea solo práctica, no ontológica. Un ejemplo lo proporcionan los átomos de Rydberg, que tienen a su electrón más externo situado en un estado de número cuántico principal muy grande, como n = 100, por lo que son 10 000 veces mayores que el átomo normal (ver capítulo 4), siendo pues del tamaño de un virus e, incluso, de una pequeña bacteria. Lo cuántico, como vemos, se acerca a lo vivo. Parece que se ha podido observar una trayectoria elíptica, algo difuminada, de ese electrón: lo cuántico se solapa también ya con lo clásico; es un ejemplo del principio de correspondencia de Bohr, mencionado en la nota 87 a pie de página.

Siguiendo la misma línea de pensamiento, el Premio Nobel del año 2025 lo recibieron John Clarke (1942), John Martinis (1958) y Michel Devoret (1953) por demostrar cómo una serie de fenómenos cuánticos, superconductividad, efecto túnel y cuantización de la corriente eléctrica (y uno que no hemos mencionado en este libro, el efecto Josephson) se combinan a bajísimas temperaturas para poder ser observados macroscópicamente, creando una excelente base para el diseño de qubits más robustos y así haciendo avanzar la construcción de un cierto tipo de ordenadores cuánticos.

Fue de nuevo Charles Bennett quien, en el año 1993 y con diversos colaboradores, inventó la **teleportación cuántica**, una de las más sorprendentes aplicaciones tecnológicas de los conceptos cuánticos. El procedimiento permite trasladar toda la información contenida en un qubit desconocido, que es infinita, de un lugar A a otro B, enviando solo dos bits de información. El «milagro» ocurre gracias —cómo no— al entrelazado cuántico y a unas medidas llamadas de Bell, algo más sofisticadas que las consideradas hasta aquí. Recuérdese que el entrelazado no permite transmitir información, pero sí permite procesarla a distancia, de forma instantánea, aunque probabilística, lo cual es la razón por la que no transmite información, como exige el **principio de causalidad relativista**: el efecto consecuencia de una causa no se puede propagar más rápidamente que la luz. Supongamos que el qubit inicial es un fotón de estado de polarización desconocido. Paralelamente se crean un par de fotones máximamente entrelazados en un punto intermedio entre A y B, y que se envían a A y B respectivamente. La medida de Bell en A pregunta en cuál de los cuatro estados ortogonales, es decir distintos y distinguibles, de dos qubits máximamente entrelazados, está el sistema formado por el qubit inicial desconocido y el fotón entrelazado con el que está en B. La medida de Bell crea correlaciones cuánticas donde no las había. Debido a ello, cambia instantáneamente el estado del otro fotón entrelazado en B, que ahora contiene potencialmente parte de la información del qubit inicial, pero deja una ambigüedad cuaternaria, es decir, dos veces binaria. Enviando dos bits a B con la información del resultado de la medida de Bell efectuada en A, se resuelve la ambigüedad y el fotón en B acaba en el mismo estado —desconocido— en el que estaba el inicial en A. Esto requiere mantener el fotón en B a la espera, como «en barbecho», sin alterar su estado, hasta que lleguen los dos bits, que viajan a la velocidad de la luz, y por ello no instantáneamente. Así aparece la necesidad de una memoria cuántica, esencial para muchos de los desarrollos tecnológicos de la actualidad. Otro gran reto para el futuro.

Nótese que en la teleportación el fotón inicial no ha viajado, sino que se ha utilizado otro fotón en B, que, gracias a manipulaciones cuánticas entrelazadas, acaba siendo idéntico al fotón inicial en A. Este resultado no viola el teorema de no-clonaje cuántico, debido a Stephen Wiesner, otro de los pioneros de la información cuántica. Este teorema afirma que un qubit no puede ser clonado, es decir, pasar de un estado a dos idénticos, algo que en la teoría clásica de la información es el pan nuestro de cada día, como cuando copiamos un texto, por ejemplo. No viola el teorema de no-clonaje porque el fotón inicial, debido al colapso, no sobrevive a la medida de Bell efectuada sobre él y el fotón entrelazado localizado en A.

Anton Zeilinger (1945, PN 2022) fue de los primeros que realizaron experimentalmente la teleportación cuántica, primero a pequeña escala en Austria, y luego, en el año 2012, en una gran colaboración, entre los dos observatorios canarios, el de La Palma y el de Tenerife, a 143 km de distancia uno del otro y ambos a casi 2500 m de altura.[162] Científicos chinos han realizado posteriormente teleportación entre un pico del Tíbet y un satélite, a más de mil kilómetros de distancia uno del otro.[163]

En el año 1994 Peter Shor (1959) descubrió, también en los Bell Labs, su famoso algoritmo cuántico de factorización de un número entero en sus factores primos. El **algoritmo de Shor** está basado en las reglas de la computación cuántica y es exponencialmente más rápido que los mejores algoritmos de factorización clásicos conocidos en la actualidad. Como la factorización de números

---

162. En el año 2004 habíamos acordado que yo pasaría un tiempo al año siguiente investigando con él en Viena. Cuando ese otoño recibí la oferta para ser rector en Luxemburgo, la preferí. No sé si fue una buena decisión. Por cierto, para un físico teórico ser rector parece ser algo normal: en España lo fueron cuatro, casi coincidentes: Ramon Lapiedra en Valencia, Cayetano López en la Autónoma de Madrid, Carlos Pajares en Santiago de Compostela y Ramon Pascual en la Autònoma de Barcelona. Aunque no teórica, pero sí física, Anna Fontcuberta es desde hace poco la presidenta de la prestigiosa Escuela Politécnica Federal de Lausana, EPFL.

163. Mi hijo, Lars, ha publicado recientemente una novela de ciencia ficción basada en la teleportación cuántica en un entorno asiático, *Distancia Cero*, Editorial Funambulista, Madrid 2023.

grandes se utiliza en el procedimiento de cifrado más usual, debido a Rivest, Shamir y Adelman, RSA, el algoritmo de Shor implica que el día que tengamos ordenadores cuánticos suficientemente potentes, gran parte del cifrado utilizado en la actualidad dejará de cumplir con su papel protector de la privacidad. El cifrado RSA se basa en el hecho de que los ordenadores clásicos tienen muchísima dificultad en encontrar los dos factores primos de, digamos, 250 y 350 cifras, de un número de 600 cifras. Necesitarían para esta tarea miles de años. El algoritmo de Shor permitiría hacerlo muy rápidamente.[164] Los criptólogos clásicos han reaccionado recientemente contra estas amenazas de la criptografía cuántica con lo que se llama la criptología poscuántica, que algunos gobiernos quieren que sustituya en el año 2035 a la actual, la precuántica.

En el año 1996, el científico indio-americano Lov Grover (1961), también en los Bell Labs, encuentra un algoritmo cuántico que mejora sustancialmente la búsqueda en una base de datos no ordenada: pasa de necesitar un tiempo proporcional al número de datos, n, a necesitar solo su raíz cuadrada, $\sqrt{n}$. Para un millón de datos esto significa mil veces menos de tiempo. Se ha experimentado y verificado ya en un ordenador cuántico sencillo. La búsqueda de algoritmos cuánticos interesantes y pertinentes es una tarea difícil y, por ello, de progresión lenta. Es, quizás, el reto teórico más importante de la computación cuántica.

La computación cuántica requiere de **puertas lógicas cuánticas**, es decir, reversibles, como corresponde a la unitariedad —o conservación de la información— de la evolución coherente de

---

164. Shor ha recibido muchísimos premios, entre ellos el Gödel, el Fronteras del Conocimiento de la Fundación BBVA y, muy recientemente, el Shannon. Shamir y Rivest también recibieron, unos años antes, el de la Fundación BBVA.

la mecánica cuántica. Todas las puertas necesarias para reproducir cualquier operación cuántica, es decir unitaria, se pueden construir a partir de puertas cuánticas de un solo qubit de entrada y salida, como la de Hadamard, que crea superposiciones, y la CNOT, de dos qubits de entrada y salida, que es claramente reversible, es decir, que a cada salida le corresponde una sola entrada, y viceversa. CNOT es una puerta que produce entrelazado cuando el qubit de control es una superposición del |0> y del |1>. Sin superposición y entrelazado es poco probable que haya muchas nuevas tecnologías de información cuánticas.

Algunos de los primeros modelos físicos que se han estudiado para construir ordenadores cuánticos son los siguientes: resonancias magnéticas nucleares, trampas de iones, átomos fríos confinados y puntos cuánticos. En los primeros, los qubits son los espines nucleares; en los segundos y terceros, los espines de los iones o átomos; en los cuartos, los espines de los electrones. En la actualidad ya hay trampas de 100 iones, 100 qubits, y sistemas de átomos fríos de 400 átomos, 400 qubits.

La manipulación de los átomos y de los iones, que son el sustrato material de ciertos tipos de qubits, requiere enfriarlos —frenándolos— y confinarlos con la ayuda de los fotones de láseres. Steven Chu, Claude Cohen-Tannoudji y William Phillips recibieron, por el desarrollo de esta tecnología, el Premio Nobel en el año 1997.[165] La capacidad de actuar física e individualmente sobre los qubits es lo que permitió las primeras realizaciones de esta última

---

165. Phillips, recientemente, durante una visita al ICFO (Institut de Ciències Fotòniques) mencionado en la nota 81 a pie de página del capítulo 7, afirmó que el ICFO había conseguido en sus veinte años de existencia ponerse al nivel de los centros de fotónica norteamericanos que le habían servido de modelo. Chu fue secretario de Energía con Obama.

revolución cuántica, que permite procesar cuánticamente de forma unitaria información de origen humano. En la misma línea de desarrollo de tecnologías que permiten la manipulación individual de sistemas cuánticos elementales, siempre frágiles ante esta manipulación, manteniendo la coherencia cuántica de la evolución del sistema microscópico, hay que mencionar a Serge Haroche y David Wineland (ambos nacidos en 1944), que recibieron por sus trabajos el Premio Nobel en el año 2012.

El año 1995 vio la publicación de los primeros modelos teóricos, pero detallados y realistas, de lo que podría ser un **ordenador cuántico**. En Europa, en concreto en Innsbruck, Austria, fueron Ignacio Cirac[166] y Peter Zoller los que detallaron para una trampa de iones —berilio, en concreto— con puertas lógicas cuánticas del tipo CNOT, especificando los qubits, y con dos láseres, el funcionamiento de su propuesta. Ambos recibieron por este trabajo el Premio Fronteras del Conocimiento de la Fundación BBVA en su primera edición (2008), y el Premio Wolf en 2013. Cirac había recibido ya el Premio Príncipe de Asturias en el año 2006.

El futuro de la computación cuántica es probablemente brillante. Cuánto brillará, cuándo y cuán útil será no se sabe, aunque algunos crean saberlo. Pero el optimismo está científicamente justificado. ¿Cuáles son algunos de sus retos, algunos ya bastante dominados, otros menos? Recordémoslos aquí:

---

166. Cirac es uno de los directores del instituto Max Planck de Óptica Cuántica en Garching, cerca de Múnich. Dos de los otros cuatro directores son premios Nobel: Theodor Hänsch y Ferenc Krausz, en 2005 y 2023 respectivamente. Gracias a Cirac, muchos jóvenes físicos teóricos españoles, y algunos no tan jóvenes, como yo, han disfrutado de estancias con él y con su grupo en Múnich.

- El sistema físico debe estar perfectamente aislado del entorno, para evitar toda pérdida de coherencia cuántica. Esto exige casi siempre bajísimas temperaturas, cercanas al cero absoluto. Las exigencias de bajas temperaturas se relajan para ordenadores cuánticos fotónicos.

- Como, a pesar de ello, se producen muchos errores, hay que poder corregirlos eficazmente. Solo recientemente se ha conseguido corregir errores introduciendo menos nuevos errores que los corregidos. Esta corrección suele ser costosísima al tener que introducirse muchísimos qubits por qubit corregido, dada la altísima fidelidad necesaria. Por ello conviene distinguir entre qubits físicos y qubits lógicos o útiles. Los primeros, físicos, puede que —dependiendo de la tecnología— deban ser miles de veces más numerosos que los útiles.

- Hay que identificar los subsistemas físicos que serán los qubits. Frecuentemente son espines de átomos o iones, o de puntos cuánticos, pero pueden ser más exóticos, como anillos superconductores: las corrientes levógira y dextrógira corresponden al $|0>$ y al $|1>$. Se debe poder actuar sobre ellos, individualmente.

- Hay que definir las operaciones físicas que realizarán las puertas lógicas, identificando sus entradas y salidas.

- La inicialización correcta del cálculo, es decir, los qubits de entrada, frecuentemente determina su éxito.

- Lo mismo ocurre con la lectura de la salida, el *read-out*. El algoritmo de computación debe asegurar que las interferencias constructivas den las salidas relevantes y útiles, y que las interferencias destructivas eliminen todo lo demás. Esto es un reto intelectual de gran calado. Como el cálculo cuántico es altamente paralelo —recuérdense los caminos de Feynman— y procesa muchas superposiciones, mucho de lo calculado no tiene ningún interés.

- El sistema debe ser escalable, es decir, si un prototipo funciona perfectamente con 2 o 20 qubits, hay que asegurarse de que la extensión a 2000 qubits no creará problemas técnicos, logísticos o financieros insuperables.

Un grupo de ciudades holandesas, lideradas por Delft, están poniendo en marcha una red de comunicación cuántica entre ellas —un Internet cuántico— para poder utilizar los recursos cuánticos de cada una de ellas mancomunadamente, y con la intención de extenderla a Europa. Otra red similar se está iniciando alrededor de Shanghái.

Aunque esto requiera desarrollar tecnologías nuevas, como los repetidores cuánticos, es probablemente la forma de escalar la capacidad de cálculo, cuando el número de qubits de cada ordenador llega al máximo de lo que su tecnología permite. Sin duda alguna, el acceso remoto ofrecido por la red impulsará de forma importante el desarrollo de la computación cuántica. No se debe olvidar que la aplicación quizás más exitosa de la computación cuántica —aunque no la más mediática— podría ser el estudio de la materia en su increíble complejidad microscópica, que es cuántica, y para ello el acceso al cálculo cuántico por parte de grupos que no dispongan de ordenadores cuánticos será esencial. Este fue el sueño de Feynman.

Otro desarrollo reciente es la sinergia híbrida de superordenadores clásicos con ordenadores cuánticos, que actúan como subrutinas, encargándose de aquellas partes del cálculo en las que ofrecen ventajas comparativas claras. También la simbiosis entre los ordenadores cuánticos y los responsables del aprendizaje en el que se basa la inteligencia artificial generativa está perfeccionándose, por ser sus desarrollos tecnológicos bastante complementarios. Así se entiende que en muchos países se estén concentrando los tres grandes desarrollos de la computación contemporánea —de alto rendimiento, cuántica y de la inteligencia artificial— en centros de gestión y desarrollo comunes.

Volvamos a finales del siglo xx, cuando había pasado un siglo desde que empezamos con Madame Curie. Ese ha sido el gran siglo relativista, y más aún cuántico. Nada lo ha marcado tanto, intelectual, tecnológica y económicamente como las varias revoluciones cuánticas y cuántico-relativistas, aunque la sociedad no haya sido siempre consciente de ello. Han unificado lo que sabemos sobre la naturaleza y han jugado un papel fundacional de todo conocimiento científico. El siglo siguiente está siendo ya distinto: la densidad y la profundidad de ideas revolucionarias que la física ha generado en el siglo xx han sido, probablemente, excepcionales, tal vez hasta irrepetibles. Pero, hablando del futuro, es más fácil equivocarse que acertar. Ya pasó a finales del siglo xIx.

15

Coda[167]

---

167. Esta coda es menos objetiva, más personal, algo inevitable al ser más especulativa, pero también, a veces, por falta de competencia del autor.

Dejamos, en el capítulo 10, el modelo estándar de las partículas elementales y de las interacciones fundamentales completado en los años 80 —con solo pendiente el descubrimiento del bosón de Higgs, el cual tuvo lugar 30 años más tarde—. El éxito del modelo estándar, debido también a la verificación de sus predicciones, algunas de ellas de una precisión extraordinaria, no ha tenido parangón. Algunos tuvimos la suerte y el privilegio de vivirlo más o menos en directo, y, sin duda, nos ha marcado para siempre.

Pero este modelo no cumple las condiciones estéticas deseadas, incluso exigidas, por parte de algunos de los grandes físicos teóricos, y en particular por el más grande de ellos, Einstein, quien nos han influido a todos: no es sencillo y, por ello, no puede ser elegante ni definitivo. De ahí que algunas de las mentes teóricas y matemáticas más destacadas buscaran, como es natural, algo mejor, empezando por la pieza clave necesaria para poder avanzar, para poder unificar las cuatro interacciones: la teoría cuántica de la gravitación. También se persiguieron objetivos algo más modestos, como una teoría unificada de las tres interacciones no gravitatorias, la más sencilla basada en una simetría de gauge de tipo SU(5). También se propusieron ideas interesantísimas, como una nueva simetría entre fermiones y bosones, llamada supersimetría, en la que algunos creímos firmemente. El paso más importante fue, quizás, sustituir la hipótesis de campos cuantizados por una de cuerdas extraordinariamente minúsculas, cuantizadas, en espacios de muchas dimensiones, 10, 11 o 26, que unificaban las interacciones y, al mismo tiempo, resolvían los infinitos de las teorías cuánticas de campos[168] al sustituir puntos por cuerdas, líneas de diagramas de Feynman por tubos, y vértices de estos diagramas por conexiones entre varios tubos. La topología multidimensional[169] jugó un importante papel en estos desarrollos, como muchas otras ramas de las matemáticas. Aparecieron teorías de lazos, de branas (expresión derivada de membrana, en dimensiones altas), teorías M (M por magia, misterio o membrana, según los gustos), y muchas más. Se buscaba la Teoría de Todo, una teoría que no tuviese parámetros libres, que solo dependiese de las constantes universales h, c y G, en

---

168. Una de mis dificultades con estas teorías es que yo consideraba que la teoría de la renormalización y el grupo de renormalización eran procedimientos suficientemente convincentes para resolver de forma fundamental los infinitos que aparecen. Quizás esto fue debido a que en una de mis estancias en el CERN ocupé el despacho de Ernst Stückelberg, quien en 1953 había publicado las primeras ideas sobre renormalización. De vez en cuando, aparecía en el despacho, y, tal como me habían sugerido, charlaba un poco con él y luego le cedía el espacio y me iba a la biblioteca. Cuando volvía una hora más tarde, ya no estaba.

169. ¡No existen nudos en cuatro dimensiones, todos se deshacen al estirar de los extremos!

Edward Witten en 2008.

la que la coherencia matemática y los principios sagrados de la mecánica cuántica y de la relatividad general se conjugarían para alumbrar una única teoría que lo explicara todo, hasta las distancias y tiempos inimaginablemente pequeños de Planck. El pionero indiscutible en esto fue Edward Witten (1951), del Instituto de Estudios Avanzados de Princeton, el hogar, décadas antes, de Einstein y Gödel,[170] y dirigido en sus inicios por Oppenheimer. Witten fue, en su momento, el único físico merecedor de la medalla Fields. Los genios tienen comportamiento bosónico, les gustaba estar en el mismo sitio: Berlín, el Caltech (Pasadena, en California), Cambridge, Copenhague, Gotinga, Princeton o Zúrich.

Y en muchas de estas ciudades estuvieron la mayoría de los más revolucionarios físicos, encabezados por Einstein (Zúrich, Berlín, Princeton), seguido por el trío formado por Bohr (Copenhague), Heisenberg (Gotinga, Copenhague) y Dirac (Cambridge), con un cuarteto ligeramente a la zaga, Rutherford (Mánchester,

---

170. Gödel encontró en esos años una solución muy particular de las ecuaciones de Einstein de la relatividad general, que corresponde a trayectorias cerradas, es decir, que permite viajar hacia atrás en el tiempo. Nuestro Universo no cumple las condiciones necesarias para la existencia de una solución como la de Gödel.

Cambridge), Pauli (Hamburgo, Zúrich), Fermi (Roma, Chicago) y Schrödinger (Zúrich, Berlín) y, finalmente, ya más tarde, los tres neoyorquinos: Feynman (Caltech), Gell-Mann (Caltech) y Weinberg (Boston, Austin). Y para completar hasta la docena, yo incluiría a John Bell (CERN), por transformar la cuestión interpretativa cuántica más profunda en una cuestión experimental, y así permitir su resolución. Son mis doce magníficos, precedidos por Madame Curie y Planck.

Volviendo a los avances en física matemática de los últimos cuarenta años, solo hubo un problema: ninguno de los extraordinarios desarrollos llevó a predicciones claras y discriminatorias que pudieran ser verificadas experimental u observacionalmente. Para un físico, fiel seguidor de la metodología científica de Popper —es decir, de la posibilidad de refutación—, esto casi equivale a una sentencia de muerte. Este fracaso, esperemos que provisional, ha llevado a acusaciones contra sus líderes científicos por haber atraído, cual flautista de Hamelín o como predicadores o —utilizando una comparación más actual— como un *influencer*, a muchos jóvenes dotadísimos y muy capaces, a una vía que ha acabado resultando estéril, perdiéndose así sus talentosos cerebros para otras ramas del saber de menos glamur, pero a las que hubiesen podido contribuir de forma significativa. De nuevo, siendo este un razonamiento *a posteriori*, y quizás injusto, no creo que tenga interés profundizar más en esto.

Pero las consecuencias de esta mencionada falta de éxito son importantes, puesto que no ha habido casi avances fundamentales en los últimos cuarenta años, algo que podría arrojar alguna sombra sobre el futuro de una joya de la investigación europea, como es el CERN. Quizás la nueva revolución venga cuándo y dónde nadie la espere, como ha ocurrido frecuentemente.

Situación radicalmente distinta es la del modelo estándar cosmológico, descrito en los capítulos 11 y 12. Los nuevos satélites —como el telescopio James Webb—, las estaciones espaciales, las redes de telescopios que trabajan conjuntamente gracias a la interferometría —como la situada en el hemisferio sur, en Chile, y operada por el European Southern Observatory (Observatorio Europeo del Sur)—, los detectores de neutrinos —como el Ice Cube, de un km cúbico de tamaño, en la Antártida—, los nuevos detectores de ondas gravitacionales, etc., están adquiriendo y acumulando tal cantidad de datos nuevos que cabe esperar que la cosmología avance mucho en un futuro no muy lejano, permitiéndonos entender, en particular, lo que son la masa oscura y la energía oscura. No sabremos, en cambio, mucho más sobre el origen del Universo, o no de forma aceptablemente segura, ni tampoco, probablemente, sobre el final del Universo, que continuarán siendo fronteras del conocimiento científico. Pero entre el principio y el final está todo, y eso ya es mucho. Quizás —ojalá sea así— este progreso en los conocimientos del cosmos y del macrocosmos fertilice las condiciones para un avance inesperado en nuestra comprensión del microcosmos.

No hemos mencionado el *principio antrópico,* porque, según cuál de sus versiones se considere, es o bien trivial o bien metafísico, y, en todo caso, no demasiado científico. Su versión trivial, simplificada, sería: las constantes universales y las masas elementales tienen justo los valores adecuados para que el ser humano apareciese en nuestro planeta. La «demostración» de lo profunda que es esta afirmación se basa en hacer notar que, si se cambiaran ligeramente algunas de las constantes o masas, la vida humana no habría surgido. Aunque se pueden tener dudas sobre el carácter científico de esta afirmación contrafactual, muchos físicos eluden el dilema postulando la existencia de un Multiverso, un conjunto esencialmente infinito de universos independientes e incomunicados, como una suerte de gas de universos, con constantes y masas distintas, distribuidas al azar, uno de los cuales resultaría ser el nuestro. Esto no es la gran física, ni siquiera la gran metafísica, pero evita, según opinan algunos, tomar el camino que llevaría hasta un ser creador, un diseñador inteligente, manipulador de constantes y masas, cuyo objetivo fuese crear el ser humano.[171]

La versión metafísica, por su sabor finalista, teleológico, sería: puesto que el hombre existe, el Universo debía necesariamente tener los valores de constantes y masas que permitieran su aparición. El carácter antropocéntrico de la argumentación, demasiado pretencioso y temerario, y la exclusión del azar, la hacen poco atractiva para un científico. Hay muchas otras versiones del principio antrópico, pero suelen ser o tautológicas o teleológicas, y siempre basadas en conocimientos que, estrictamente, no tenemos. La ciencia aún no ha encontrado una sola prueba de la existencia de causas finales,[172] e interpretar, pues, de forma transcendente datos científicos cuyo significado aún no acabamos de entender es muy poco científico. Es paradójico ver cómo, después de siglos de ir desmontando científicamente el antropocentrismo, volvemos a él por la vía de este principio antrópico; pero no está, al menos en la actualidad, al nivel necesario para poder plantearlo seriamente.

Y ¿qué hay de la biología *cuántica,* de la que de vez en cuando tenemos alguna noticia? Esperemos que se empiece por confirmar

---

171. Una lectura interesante, aunque sesgada en su planteamiento, como son todas las que tratan de este tema con connotaciones divinas, es el libro de Michel-Yves Bolloré y Olivier Bonnassies: *Dios. La ciencia. Las pruebas*, Editorial Funambulista, Madrid, 2023.

172. Aunque los seres vivos parecemos tener una: sobrevivir.

lo que algunas publicaciones sugieren: que la detección del campo gravitatorio y magnético terrestre por parte de las aves migratorias, así como la fotosíntesis o la función clorofílica de las plantas, solo es explicable en su complejidad gracias a ciertos efectos cuánticos. Ya fue Roger Penrose quien, hace más de treinta años, expuso sus ideas, atrevidas, sobre el protagonismo de ciertos fenómenos cuánticos en el origen de la conciencia. Que algunos fenómenos cuánticos jugarán un papel cuando se estudie la biología, o, más bien, la bioquímica, a muy pequeñas distancias, casi atómicas y moleculares, resulta casi evidente; que, a distancias típicas de arqueas y bacterias, y a temperaturas ordinarias, conceptos como superposición, entrelazamiento y evolución cuántica coherente lo jueguen lo es menos, ya que habría que entender qué característica de lo vivo es la que elude la decoherencia, siempre tan difícil de soslayar.

Por lo contrario, la biofísica, la bionanotecnología, la biología en ingravidez —gracias a los satélites artificiales— están todas avanzando rápidamente, y quizás nos ayuden a entender mejor la vida, y el papel de la gravedad en su evolución, así como a aprender aún más de las soluciones que esta última ha ido aportando en los últimos cuatro mil millones de años. Y de este modo hacer progresar la medicina.

Epílogo

La física se considera frecuentemente la primera de las ciencias de la naturaleza, debido a sus espectaculares éxitos y a que, históricamente, fue la primera que desarrolló lo que más tarde se llamaría el método científico. Pero no debemos olvidar que la verdadera razón de esto es que el objeto de la física es mucho más sencillo que el de la biología, no digamos ya que el de las neurociencias, la medicina, y las ciencias cognitivas y sociales, es decir, las ciencias, los estudios de la vida y del hombre. El estudio de un quark, de un electrón, de un fotón, de sus interacciones y del vacío es ciertamente dificilísimo, pero permite una matematización completa del problema, y, cuando se acierta con esta, se consigue una simplificación drástica que solo las matemáticas hacen posible. Los biólogos no han encontrado modelos matemáticos suficientemente potentes, la vida es demasiado compleja para poder sintetizar su comprensión con unas pocas magnitudes y unas ecuaciones relacionándolas, excepto —y en menor medida— en estudios contemporáneos sobre la evolución, sobre la genética y sobre la dinámica de las poblaciones, u otros campos de la biología teórica. Más difícil es aún para las neurociencias, ya que la experimentación está limitada, por razones éticas y legales, y la observación no puede sustituirla suficientemente. Las ciencias cognitivas, que estudian la mente, aún están en una situación más difícil para la metodología científica: ni siquiera tenemos una definición consensuada de lo que es la conciencia, e incluso los expertos no tienen ideas claras de cómo emerge esta del funcionamiento de las neuronas y redes neuronales. Además, ¿qué método científico permite comparar objetivamente la vivencia subjetiva de mi dolor con la de mi vecino, por ejemplo? ¿O la intensidad de mi vértigo con la del suyo?

Para las ciencias no-físicas, la matematización suele limitarse frecuentemente, aunque no siempre, al uso de la estadística en forma de comparaciones tipo *ceteris paribus* (siendo iguales todas las demás variables), con un grupo de control aleatorio, y —cuando proceda, como en biomedicina— con un sistema de doble ciego, es decir, con desconocimiento absoluto de quien compone el grupo de control que ha recibido el placebo, tanto por parte de los sujetos experimentales como de los experimentadores (esto hace necesario un tercero), para evitar, en la medida de los posible, todo sesgo.

La teoría general de la complejidad, desafortunadamente, no parece haber proporcionado metodologías científicas que permitan una progresión como la de la física. No es de extrañar: por definición, lo complejo permite menos simplificación y, si la permite, deja de ser complejo.

Muchos de los grandes problemas que aquejan a la humanidad —como el cambio climático, la falta de agua y la electrificación global— tienen soluciones científicas y tecnológicas bastante satisfactorias, pero poner de acuerdo a la sociedad, a los colectivos, a los diversos países suele ser mucho más difícil. Necesitaríamos mucho más progreso en lo que se da en llamar ciencias sociales: economía, sociología, ciencias políticas... Este progreso solo llegará si estos estudios consiguen hacerse menos sesgados, menos subjetivos, menos ideológicos, y logran ser más objetivos, que es la razón de ser de una buena metodología científica. Pero, por la propia dificultad de lo que estudian, es probable que cierto sesgo ideológico sea inevitable. Pero entonces lo científico sería declararlo.

La física cuántica lleva a preguntarse sobre conceptos básicos que se creían claros. ¿Qué es la realidad? ¿Qué es la causalidad? Y tal vez, en última instancia, ¿qué es la verdad? Es prudente dejar el concepto de verdad a la epistemología o a la teología; no es un concepto científicamente objetivo; es fluido, por utilizar una expresión a la moda. Sin embargo, sí hay mucho debate sobre la realidad; baste recordar la dicotomía de EPR (ver capítulo 7) y los resultados de los experimentos independientes de Clauser y sus colaboradores, de Aspect y de Zeilinger en contra de la existencia de una **realidad local**: o la realidad no es local, o, si es local, no es la realidad que conocemos. La postura mayoritaria y ortodoxa, correspondiente a la interpretación de Copenhague actualizada, es que la mecánica cuántica no es local, y que su realidad no es tanto la del estado microscópico en solitario, sino la que incluye el montaje experimental utilizado para efectuar las medidas, que es el que «realiza» el estado. Así pues, la realidad cuántica, al menos la observada, siempre tiene su anclaje en lo macroscópico.

Nuestro problema es que somos «clásicos», es decir, macroscópicos, tenemos ojos, no microscopios electrónicos incorporados, y no nos movemos con velocidades cercanas a la de la luz.

Con respecto a la causalidad, recordemos que la evolución cuántica puede ser unitaria, reversible, coherente, determinista, y, de este modo, causal; o bien puede ser casual, aleatoria, irreversible, incoherente, indeterminista, probabilística, y, por tanto, no-causal. Esto es otro bello ejemplo de complementariedad. Al menos, así lo entiende nuestro cerebro, o más bien su actividad mental consciente.

La mente, la conciencia son ejemplos de fronteras de nuestro conocimiento, como lo son el principio del Universo, por razones distintas, y una completa comprensión del mundo cuántico, y, en particular, de los conceptos de la gravitación cuántica, a su vez por otras razones.

El conocimiento siempre progresa —al menos a medio y largo plazo—, sus fronteras, sus límites se expanden, como lo hace el Universo, pero lo que sabemos que no sabemos también es cada vez mayor, como nos ocurre asimismo con el Universo.

Conviene no caer en la tentación de buscar la transcendencia más allá de estas fronteras, que son móviles, por lo que lo transcendente —Dios sería un ejemplo— podría dejar de serlo, podría vulgarizarse en algún momento. La falta de conocimiento no es un buen punto de partida para los creyentes en un ser superior. La ciencia no tiene nada que decir sobre Dios, más allá de afirmar que, si existe, no ha dejado ningún indicio de su existencia científicamente verificable, y, como es obvio, la ciencia no puede demostrar su no existencia, como tampoco lo puede la filosofía ni ningún tipo de razonamiento lógico. Se suele decir que tampoco puede demostrar su existencia. Esto no es exactamente así, puesto que, si Él quisiera, por decirlo en términos humanos, podría mover las estrellas y las galaxias que vemos en el firmamento nocturno para escribirnos ESTOY AQUÍ y repetirlo otras noches, según un ritmo dado por la sucesión de Fibonacci, por ejemplo. Para la gran mayoría de científicos esta observación sería una demostración más que suficiente. Yo me cuento entre ellos.

De todas formas, Dios, un agente fuera del espacio y del tiempo, independiente de la energía y de la información, es una entidad profundamente incomprensible para nosotros. En lo incomprensible se puede creer, si se tiene el don o la predisposición para ello, pero no mucho más.

La conciencia también es, hoy en día, en gran medida incomprensible, pero los neurocientíficos y algunos de los científicos cognitivos creen que algún día la entenderemos, quizás gracias a la física cuántica.[173] Quizás; veremos. El Premio Nobel de Física del año 2024 fue otorgado a John Hopfield y a Geoffrey Hinton, este último sin ser físico (es científico computacional y psicólogo cognitivo). Esto es una novedad: bastantes físicos han recibido Premios Nobel en otras disciplinas distintas a la física, pero no al revés. Hinton, llamado «el Padrino de la Inteligencia Artificial», que ya había recibido el Premio Princesa de Asturias en el año 2022, consiguió el Nobel por el desarrollo de redes neuronales artificiales y del tipo de máquinas de Boltzmann, pero su motivación principal siempre ha sido entender el cerebro y, en particular, la emergencia de la conciencia. Probablemente este sea el mayor reto de la ciencia del siglo XXI.

---

173. Para algunas reflexiones científicas y sociales recientes sobre el libre albedrío, habilidad estelar de la conciencia, ver Jean-Jacques Rommes y Rolf Tarrach, «*The open question of Free Will and its implication on moral and legal responsibility*», Institut Grand-Ducal, Section de Sciences morales et politiques, Actes Volume XXVIII, pp. 103-153, Luxemburgo, 2025. Aparecerá pronto en español, en la editorial Palerma, acompañado de tres textos que lo analizan, coordinado por Manuel Atienza.

APÉNDICES

APÉNDICE A (CAPÍTULO 3)
Unos complementos de cinemática relativista

Dijimos que

$$E = m_{rel}\, c^2 \quad (A.1)$$

es la energía total de la partícula libre, es decir, la debida a la masa propia, m, y la debida a la velocidad, v, o, equivalentemente, al momento lineal, llamado también impulso,

$$p = m_{rel}\, v \quad (A.2).$$

Pero la forma más familiar de esta energía total viene dada por

$$E^2 = m^2\, c^4 + p^2\, c^2 \quad (A.3),$$

que muestra, para los físicos, que no cambia de forma cuando se hace una transformación de Lorentz, igual que lo muestra la fórmula de la nota 32 a pie de página. Con la ayuda de

$$m = m_{rel} \sqrt{(1 - v^2/c^2)} \quad (A.4)$$

es fácil demostrar que (A.1) y (A.3) son idénticas. Para fotones, m=0 y (A.3) se transforma en

$$E = pc \quad (A.5).$$

De este resultado y (2.2) y (2.3) obtenemos para un fotón

$$p = h/\lambda \quad (A.6),$$

que sustituye a (A.2), y coincide formalmente con (6.2) y, de hecho, con (10.1). El fotón tiene un momento lineal, como toda partícula.

Apéndice B (capítulos 2-4, 6-8, 10)
Sobre dimensiones, magnitudes, unidades y constantes

En este apéndice utilizaremos las magnitudes tiempo, T,[174] espacio, L, y masa, M, para dar dimensiones a todas las demás magnitudes que aparecen, excepto a la temperatura. Como la ley de Coulomb la escribimos para dos electrones de la forma

---

174. No se debe confundir con la temperatura absoluta.

280

$$F = - e^2/r^2 \quad (B.1),$$

siendo -e su carga, r la distancia entre ellos, e indicando su carácter repulsivo con el signo menos, el electromagnetismo no introduce nuevas dimensiones. Efectivamente, de (B.1) las dimensiones de e^2 resultan ser ML^3T^{-2}. Como la ley de la gravedad de Newton da una fuerza de atracción entre dos masas

$$F = G \, m_1 m_2/r^2 \quad (B.2)$$

se deduce que las dimensiones de la constante de Newton, G, son $M^{-1}L^3T^{-2}$.

Las dimensiones de la constante de Planck, h, son, ya que es una acción, ML^2T^{-1}. Las de la velocidad de la luz, c, son LT^{-1}. Resumiendo, las constantes universales tienen las siguientes dimensiones, tabla (T.1):

Constante	Dimensión
h	ML^2T^{-1}
c	LT^{-1}
G	$M^{-1}L^3T^{-2}$
e^2	ML^3T^{-2}

Combinaciones de G, h y c permiten obtener una constante universal para cada magnitud mencionada, excepto las que incorporan la temperatura. Se llaman «magnitudes de Planck». Las más conocidas son las del tiempo y la longitud, incomprensiblemente pequeñas cuando se miden en segundos y metros. Se cree que representan los límites de la física en el tiempo y en el espacio.

El estatus de e^2 es inferior al de las otras tres constantes: con h y c no permite construir el equivalente de las magnitudes de Planck, y, además, es constante solo de una cierta manera, como se explica en el capítulo 8.

Con esto se puede comprobar la corrección dimensional de todas las fórmulas que aparecen en el texto. La siguiente tabla puede ser útil, (T.2):

Magnitud	Dimensión
Velocidad, v	LT^{-1}
Aceleración, a	LT^{-2}
Frecuencia, ν	T^{-1}
Fuerza, F	MLT^{-2}
Energía, E	ML^2T^{-2}
Acción, A	ML^2T^{-1}
Potencia	ML^2T^{-3}
Momento lineal, p	MLT^{-1}
Espín	ML^2T^{-1}
Momento angular	ML^2T^{-1}

Enrico Fermi fue un maestro en obtener —casi sin calcular— fórmulas en función de las magnitudes y constantes relevantes, basándose solo en un análisis dimensional y en su prodigiosa intuición.

Las unidades que se utilizan en la física van precedidas normalmente de prefijos griegos para indicar sus múltiplos y sus fracciones; estos prefijos se utilizan hoy en día en todos los campos científicos y tecnológicos. Esta tabla, (T.3), presenta los más usuales, con ejemplos:

Prefijo	Valor numérico	Vocablo	en inglés norteamericano	Ejemplo con abreviación	Descripción con ejemplo
E, exa	10^{18}	trillón	quintillion	EHz	Frecuencia de rayos X blandos
P, peta	10^{15}	billardo o mil billones	quadrillion	PHz	Frecuencia de la luz visible
T, tera	10^{12}	billón	trillion	THz	Frecuencia de microondas
G, giga	10^{9}	millardo o mil millones	billion	GW	Potencia de una central nuclear
M, mega	10^{6}	millón	million	MHz	Frecuencia de las ondas de radio
k, kilo	10^{3}	mil	thousand	kg	Masa de un litro de agua
-	10^{0}	uno	one	m	Tamaño del ser humano
m, mili	10^{-3}	milésimo	thousandth	ms	Periodo de la rotación de un púlsar rápido
μ, micro	10^{-6}	millonésimo	millionth	μm	Tamaño de una bacteria
n, nano	10^{-9}	milmillonésimo	billionth	nm	Tamaño de un átomo muy grande
p, pico	10^{-12}	billonésimo	trillionth	pg	Masa que se utiliza en análisis de sangre precisos
f, femto	10^{-15}	milbillonésimo	quadrillionth	fm, o fermi	Tamaño de un protón
a, atto	10^{-18}	trillonésimo	quintillionth	am	Distancia más pequeña estudiada

Las expresiones de inglés norteamericano se han incorporado para que el lector recuerde que en muchos textos están mal traducidas, y «a billion people» se traduce muchas veces por ¡un billón de personas! cuando es solo mil millones, o un millardo.

En física de altas energías se utiliza el eV, electronvoltio, y sus múltiplos, keV, MeV, GeV y TeV como unidades de energía. El eV es la energía cinética que adquiere un electrón cuando se acelera por una diferencia de potencial eléctrico de un voltio, V. Es una energía típica de los átomos. Las constantes de Planck y Boltzmann tienen —en estas unidades— el siguiente valor aproximado (T.4):

h	4,13 eV fs
k	$8,62 \ 10^{-5}$ eV/K

Así, la constante de Planck nos indica que si un fotón tiene una energía de 4,13 eV, su frecuencia es de un PHz; y la de Boltzmann nos indica que, si aumentamos en 0,86 eV la energía de cada átomo de un objeto, la temperatura de este aumenta en unos 10 000 K.

Para las masas se utilizan estas unidades de energía divididas por c^2, recuérdese (3.3). En la tabla que sigue, (T.5), se dan los valores aproximados de las energías de algunos aceleradores del CERN y las partículas que aceleran y, separadamente, de las masas de algunas partículas:

Acelerador	Energía		Partícula	Masa
Linac 2, protones	50 MeV		electrón	511 keV/c^2
PS, protones	25 GeV		muon	106 MeV/c^2
SPS, protones	450 GeV		protón	938 MeV/c^2
LEP, electrones y positrones	190 GeV		Z, W$^+$	91, 80 GeV/c^2
LHC, protones	13 TeV		Higgs	126 GeV/c^2

Fórmulas

1.1   S = k ln W, entropía de Boltzmann; k: constante de Bolzmann, W: número de configuraciones microscópicas compatibles con el estado macroscópico

2.1 $a^n + b^n = c^n$, gran o último teorema de Fermat, siendo a, b, c y n números enteros y n > 2

2.2 $\nu \lambda - c$, relación entre frecuencia y longitud de onda para la luz; c: velocidad de la luz

2.3 $E = h\nu$, relación de Planck (a veces llamada de Planck-Einstein); E: energía, h: constante de Planck

3.1 $t_{mov} = t \sqrt{(1 - v^2/c^2)}$, $l_{Lor} = l \sqrt{(1 - v^2/c^2)}$, $m = m_{rel} \sqrt{(1 - v^2/c^2)}$, relaciones de la relatividad especial para intervalos de tiempo, para la longitud y para la masa

3.2 $v = (v_1 + v_2)/(1 + v_1 v_2/c^2)$, suma de velocidades relativista

3.3 $E = m\, c^2$, fórmula de Einstein

4.1 $\nu \sim (1/a^2 - 1/b^2)$, fórmula de Balmer para la frecuencia de las rayas espectrales del átomo de hidrógeno, siendo b > a números enteros

4.2 $\alpha = 2\pi e^2/hc$, constante de estructura fina o de Sommerfeld; -e: carga del electrón

4.3   n -> p + e + antineutrino, desintegración del neutrón en un protón, un electrón y un antineutrino

4.4 $G\, m_p^2/\, e^2 \approx 10^{-36}$, cociente de intensidades de la atracción gravitatoria y la repulsión eléctrica de dos protones, G: constante de Newton

5.1 $R_S = 2GM/c^2$, radio de Schwarzschild para una masa M

6.1 $\lambda_C = h/mc$, longitud de onda de Compton

6.2 $\lambda_B = h/p$, longitud de onda de de Broglie, siendo p = mv el momento lineal

7.1 $\Delta x\, \Delta p \geq h/4\pi$, principio de incertidumbre posición-momento lineal, siendo x la posición

7.2 $\Delta E\, \Delta t \geq h/4\pi$, principio de incertidumbre energía-tiempo

8.1 μ_B = eh/4πm, magnetón de Bohr; nótese que es inversamente proporcional a la masa del electrón

8.2 μ = 1,001 159 652 180 6 μ_B, valor experimental del momento magnético del electrón

8.3 μ = 1,001 159 652 181 6 μ_B, valor teórico del momento
magnético del electrón

9.1 F_Y ~ $e^{-2\pi mcr/h}/r^2$, fuerza de atracción nuclear de Yukawa

10.1   λ = hc/E, distancia que un acelerador de energía E —elevada— permite explorar

10.2   d -> u + W⁻ y W⁻ -> e + antineutrino, explica (4.3) con los
quarks d y u, constituyentes de los nucleones, y el bosón W virtual

12.1 T_H = hc³/16π²GMk, temperatura de Hawking, siendo M la
masa del agujero negro

13.1   H = - Σ p_i log₂ p_i, entropía de Shannon, siendo p_i la probabilidad de la letra i del mensaje. La suma se extiende a todas las
letras; mide, en bits, la información media de cada letra

Glosario

En negritas en el texto; entre paréntesis el capítulo donde se explica el concepto o trata la materia.

Absorción y emisión de luz (6)
Agujeros negros (5, 6, 12)
Algoritmo de Shor (14)
Antihidrógeno (9)
Antimateria, ver Predicción
Aroma (10)
Arquitectura de Von Neumann (13)
Astrofísica (6, 11)
Átomo de Bohr (4)
Azar fundamental cuántico (1, 8, 14)

Balbuceo cuántico (2, 3, 4 y 6)
Barión (9)

Big Bang (11)
Bit (13)
Bosón (6)
Bosón de Higgs (10)
Bosón Z (10)
Bosones W (10)

Campo cuantizado (8)
Catástrofe ultravioleta (2)
CERN (9)
Ciclotrones y sincrotrones (9)
Circuito integrado o chip (13)
Colapso de la función de onda (7, 14)
Color (10)
Composición química del Universo (11)
Condensado de Bose-Einstein (6)
Condiciones iniciales del Universo (11)
Confinamiento del color (10)
Conjugación de carga (9)
Conservación de la carga eléctrica (8)
Conservación de la energía (2)
Conservación del momento lineal (8)
Constancia de la velocidad de la luz (3)
Constante cosmológica, Λ (5, 12)
Constante de Boltzmann, k (1)
Constante de estructura fina, α (4, 8)
Constante de Hubble, H (5, 11)
Constante de Newton, G (1)
Constante gravitacional de Einstein, $8\pi G/c^4$ (5)
Contracción de Lorentz (3)

Cosmología (11, 12)
Creación y aniquilación de partículas (9)
Criptografía cuántica (14)
Cromodinámica cuántica, QCD (10)
Cuantos de energía electromagnética (3)

Decoherencia cuántica, o pérdida de coherencia cuántica (14)
Demonio de Laplace (1)
Desigualdades de Bell (7)
Desintegraciones débiles (4)
Desintegración del neutrón (4)
Desintegración nuclear (4)
Desplazamiento del perihelio del planeta Mercurio (5)
Desplazamiento gravitacional hacia el rojo (5)
Desviación de los rayos de la luz (5)
Detectores LIGO (5)
Dilatación del tiempo (3, 5)
Dopaje (13)
Dualidad onda-partícula (6)

Ecuaciones de la gravitación de Einstein, también llamadas de la
    relatividad general (5)
Efecto Casimir (8)
Efecto fotoeléctrico (3)
Efecto túnel (4)
Electrodinámica cuántica, QED (8)
Electrón, e (1)
Emergencia (1)
Enana blanca (6)
El mundo no es masa, es Energía (10)

Energía de ligadura (3)
Energía oscura (12)
Energía total del Universo (11)
Entrelazamiento (7, 14)
Entrelazamiento significa un límite del reduccionismo (7)
Entropía de Boltzmann mide el desorden interno (1)
Entropía de Shannon, H (13)
EPR, ver Paradoja
Equivalencia de masa y energía, fórmula de Einstein (3)
Espacio-tiempo de cuatro dimensiones, el espacio-tiempo de Minkowski (3)
Espectro de emisión o absorción (2)
Espín (4, 6)
Estabilidad nuclear (4)
Estadística cuántica, de Bose-Einstein (6)
Estadística cuántica, de Fermi-Dirac (6)
Estrella de neutrones (6)
Estructura en bandas (13)
Exoplaneta (12)
Expansión acelerada del Universo (12)
Expansión del Universo (11)
Extrañeza (9)

Fermión (6)
Fisión nuclear (2, 4)
Fluctuaciones cuánticas del vacío, estructura cuántica del vacío (7, 8)
Fotón (3, 8)
Fuerza de degeneración (6)
Fuerzas, o interacciones, nucleares: la fuerte y la débil (4, 10)
Función de onda de Schrödinger (7)

Fusión nuclear (4)

Gato de Schrödinger (7)
Gluon (10)
GPS (5)
Gravitón (12)

Hadrón (9)
Hipótesis de los cuanta, de la cuantización (2)
Homogeneidad del espacio (8)
Homogeneidad e isotropía del Universo (11)
Horizonte de sucesos (5)
Horizonte de sucesos cósmico (11)
Hueco (13)

Impenetrabilidad de la materia (6)
Indistinguibilidad cuántica de las partículas idénticas (6)
Indistinguibilidad de fotones (6)
Inercia (5)
Información cuántica (13, 14)
Integrales de camino (6)
Interacciones, ver Fuerzas
Interpretación de Copenhague (7, 14)
Invariancia bajo CPT (9)
Inversión temporal (9)
Isospín (9)

Kaón, K (9)

Láser (6)

LEP (10)
Leptón (9)
Ley de conservación de la energía (1)
Ley de desplazamiento de Wien (2)
Ley de Hubble-Lemaître (11)
Ley de la radiación del cuerpo negro de Planck (2)
LHC (10)
Libertad asintótica, ver Teoría
Longitud de onda de Compton, λ_C (6)
Longitud de onda de de Broglie, λ_B (6)

Máquina universal de Turing (13)
Materia oscura (11)
Mecánica cuántica no relativista (7)
Mecánica cuántica relativista (8)
Mecanismo de Goldstone-Higgs (10)
Medida define la realidad (7, 14)
Medida en la mecánica cuántica (7, 14)
Mesón (9)
Mesón de Yukawa (9)
Modelo de quarks (10)
Modelo estándar cosmológico (11)
Modelo estándar de las partículas elementales (10)
Movimiento browniano (3)

Neutrino, ν (4)
Neutrinos oscilan (11)
Neutrón, n (4)
No-distinguibilidad (14)
No-existencia de la realidad local (7 y epílogo)

Núcleo atómico (4)
Nucleón (9)

Observable (7)
Onda de probabilidades (7)
Ondas gravitacionales (5)
Orbital (7)
Ordenador cuántico (13,14)

Par de Cooper (6)
Par virtual (8)
Paradoja de Einstein, Podolski y Rosen (7)
Paradoja de Fermi (4)
Paradoja de los gemelos (3)
Paradoja del diablillo de Maxwell (13)
Paridad no se conserva (9)
Partícula de gauge (8)
Partícula virtual (8)
Partículas idénticas, ver Indistinguibilidad
PET (8)
Pion (9)
Polvo de estrellas (11)
Positrón (8)
Predicción de la existencia de antimateria (8)
Principio cosmológico (11)
Principio de causalidad relativista (14)
Principio de complementariedad (7)
Principio de equipartición (1)
Principio de equivalencia (5)
Principio de exclusión de Pauli (6)

Principio de incertidumbre energía-tiempo (7)
Principio de incertidumbre posición-momento lineal (7)
Principio de Landauer (13)
Principio de relatividad o de Galileo (3)
Principio de superposición (7)
Probabilidades son aleatorias, acausales (7)
Problemas de Hilbert (2)
Proceso irreversible (4)
Protón, p (4)
Puerta lógica (13)
Puerta lógica cuántica (14)
Púlsar (6)

Quark, ver Modelo
Qubit, o bit cuántico (14)

Radiación cósmica de fondo, o radiación de fondo de microondas (11)
Radiación de Hawking (12)
Radiación del cuerpo negro (2)
Radiactividad (1)
Radio de Bohr (4)
Radio de Schwarzschild, R_S (5)
Rayos de Becquerel (1)
Rayos X (1)
Rayos β (4)
Reacción en cadena (2)
Realidad local, ver No-existencia
Relación de Planck, o de Planck-Einstein, donde apareció su constante, h (2)
Rotura espontánea de simetría (10)

Satélite COBE (11)
Segunda cuantización (8, 9)
Segundo principio de la termodinámica (1)
Semiconductor (13)
Simetría de gauge (8)
Simultaneidad también es un concepto relativo (3)
Superconductividad (6)
Superfluidez (6)
Supernova (6, 11)

Tabla periódica de Mendeléiev (4)
Teleportación cuántica (14)
Telescopio espacial James Webb, sucesor del Hubble (12)
Teorema de Noether (2)
Teoría asintóticamente libre (10)
Teoría atómica de la materia (3)
Teoría cuántica de la gravedad (12)
Teorías cuánticas de campos (8, 9 y 10)
Teoría de la información y de la comunicación (13)
Teoría de la relatividad especial (3)
Teoría de la relatividad general (5)
Teoría de la renormalización (8)
Teoría de Todo (12)
Teoría de Weinberg-Salam (10)
Teorías de Yang-Mills (9)
Trabajo revolucionario de Kurt Gödel (2)
Transformación de Lorentz (3)
Transistor (13)

Universo en expansión (5)

Vacío, ver Fluctuaciones
Velocidad de la luz, c (2, 3)
Vida media de las desintegraciones (1)

World Wide Web, www (10)

Selección de científicos destacados

Con indicación de capítulo(s).

Carl Anderson, 8, 9
Alain Aspect, 7

John Bardeen, 6, 13
Henri Becquerel, 1
John Bell, 7, 14
Charles Bennett, 14
Niels Bohr, 4
Ludwig Boltzmann, 1
Max Born, 7
Satyendra N. Bose, 6
Louis de Broglie, 6

Hendrik Casimir, 8

James Chadwick, 4
Arthur Compton, 6
Leon Cooper, 6
Marie Curie, 1
Pierre Curie, 1

Paul A. M. Dirac, 6, 7, 8

Arthur Eddington, 5
Albert Einstein, 3, 5, 6, 7

Pierre de Fermat, 2
Enrico Fermi, 4, 6
Richard Feynman, 6, 8, 13

George Gamow, 4
Murray Gell-Mann, 10
Sheldon Glashow, 10
Kurt Gödel, 2

Otto Hahn, 2
Stephen Hawking, 12
Werner Heisenberg, 7
Peter Higgs, 10
David Hilbert, 2
Edwin Hubble, 11

Pyotr Kapitsa, 6
William Thomson, Lord Kelvin, 1

Lev Landau, 6, 8
Tsung-Dao Lee, 9
Georges Lemaître, 5
Hendrik Lorentz, 3

James Maxwell, 1
Lise Meitner, 2
Albert Michelson, 1
Robert Millikan, 1
Hermann Minkowski, 3
Edward Morley, 1

Yoichiro Nambu, 10
John von Neumann, 2, 13
Isaac Newton, 1
Emmy Noether, 2

Robert Oppenheimer, 8

Wolfgang Pauli, 4, 6
Roger Penrose, 12
Arno Penzias, 11
Saul Perlmutter, 12
Max Planck, 2, 3
Henri Poincaré, 2, 3

Wilhelm Roentgen, 1
Carlo Rubbia, 10
Ernest Rutherford, 1, 4

Erwin Schrödinger, 7
Karl Schwarzschild, 5
Claude Shannon, 13
Peter Shor, 14
Arnold Sommerfeld, 4

Joseph Thomson, 1
Alan Turing, 13

Steven Weinberg, 10
Wilhelm Wien, 2
Eugene Wigner, 9
Andrew Wiles, 2
Robert Wilson, 11
Edward Witten, coda
Chien-Shiung Wu, 9

Chen-Ning Yang, 9
Hideki Yukawa, 9

Anton Zeilinger, 14

Premios Nobel de Física mencionados

Máximo 3 galardonados por año. Cuando hay tres galardonados en un año, se separan por comas salvo que uno haya recibido la mitad del premio y los otros dos —cada uno— una cuarta parte, en cuyo caso se utiliza el punto y coma. Cuando mencionamos solo uno o dos de varios galardonados, indicamos entre paréntesis qué fracción del premio ha recibido.

1901   Wilhelm Röntgen
1902   Hendrik Lorentz (1/2)
1903   Henri Becquerel; Pierre Curie, Marie Curie
1906   Joseph J. Thomson
1907   Albert Michelson
1908   Gabriel Lippmann
1910   Johannes D. van der Waals
1911   Wilhelm Wien
1913   Heike Kamerlingh Onnes
1915   William Bragg, Lawrence Bragg

1918	Max Planck
1921	Albert Einstein
1922	Niels Bohr
1923	Robert Millikan
1926	Jean Perrin
1927	Arthur Compton
1929	Louis de Broglie
1932	Werner Heisenberg
1933	Erwin Schrödinger, Paul Dirac
1935	James Chadwick
1936	Carl Anderson (1/2)
1937	Clinton Davisson, George Thomson
1938	Enrico Fermi
1939	Ernest Lawrence
1943	Otto Stern
1944	Isidor Isaac Rabi
1945	Wolfgang Pauli
1949	Hideki Yukawa
1954	Max Born (1/2)
1956	John Bardeen, Walter Brattain, William Shockley
1957	Lee Tsung-Dao, Yang Chen-Ning
1962	Lev Landau
1963	Eugene Wigner (1/2); Maria Goeppert-Mayer (1/4)
1965	Richard Feynman, Julian Schwinger, Shin'ichiro Tomonaga
1967	Hans Bethe
1968	Luis W. Alvarez
1969	Murray Gell-Mann
1972	John Bardeen, Leon Cooper, John Schrieffer
1974	Antony Hewish (1/2)
1975	Aage Bohr (1/3)

1977 Philip Anderson (1/3)

1978 Pyotr Kapitsa; Arno Penzias, Robert Wilson

1979 Sheldon Glashow, Abdus Salam, Steven Weinberg

1980 James Cronin, Val Fitch

1982 Kenneth Wilson

1983 Subrahmanyan Chandrasekhar (1/2)

1984 Carlo Rubbia, Simon van der Meer

1993 Russell Hulse, Joseph Taylor

1996 David Lee, Douglas Osheroff, Robert Richardson

1997 Steven Chu, Claude Cohen-Tannoudji, William Phillips

1999 Gerard 't Hooft, Martinus Veltman

2001 Eric Cornell, Carl Wieman, Wolfgang Ketterle

2003 Alexei Abrikosov, Vitaly Ginzburg, Anthony Leggett

2004 David Gross, Hugh David Politzer, Frank Wilczek

2005 Theodor Hänsch (1/4)

2006 John Mather, George Smoot

2008 Makoto Kobayashi, Toshihide Maskawa; Yoichiro Nambu

2010 Andre Geim, Konstantin Novoselov

2011 Saul Perlmutter, Brian Schmidt, Adam Riess

2012 Serge Haroche, David Wineland

2013 François Englert, Peter Higgs

2015 Takaaki Kajita, Arthur McDonald

2017 Rainer Weiss, Kip Thorne, Barry Barish

2018 Donna Strickland (1/4)

2019 Michel Mayor (1/4), Didier Queloz (1/4)

2020 Roger Penrose

2022 Alain Aspect, John Clauser, Anton Zeilinger

2023 Ferenc Krausz (1/3)

2024 John Hopfield, Geoffrey Hinton

2025 John Clarke, John Martinis, Michel Devoret

Physics of Computation Conference Endicott House MIT May 6-8, 1981

1 Freeman Dyson
2 Gregory Chaitin
3 James Crutchfield
4 Norman Packard
5 Panos Ligomenides
6 Jerome Rothstein
7 Carl Hewitt
8 Norman Hardy
9 Edward Fredkin
10 Tom Toffoli
11 Rolf Landauer
12 John Wheeler

13 Frederick Kantor
14 David Leinweber
15 Konrad Zuse
16 Bernard Zeigler
17 Carl Adam Petri
18 Anatol Holt
19 Roland Vollmar
20 Hans Bremerman
21 Donald Greenspan
22 Markus Buettiker
23 Otto Floberth
24 Robert Lewis

25 Robert Suaya
26 Stan Kugell
27 Bill Gosper
28 Lutz Priese
29 Madhu Gupta
30 Paul Benioff
31 Hans Moravec
32 Ian Richards
33 Marian Pour-El
34 Danny Hillis
35 Arthur Burks
36 John Cocke

37 George Michaels
38 Richard Feynman
39 Laurie Lingham
40 Thiagarajan
41 ?
42 Gerard Vichniac
43 Leonid Levin
44 Lev Levitin
45 Peter Gacs
46 Dan Greenberger

En esta foto, tomada por Charles Bennett, aparece un solo premio Nobel,
Richard Feynman; ambos son protagonistas importantes de este libro.
El fotógrafo o alguno de los participantes podrían engrosar
la lista de los Nobel en un futuro cercano.

https://mitendicotthouse.org/physics-computation-conference/

Bibliografía personal

Alain Aspect, *Si Einstein avait su*, Odile Jacob, 2025
Peter Atkins, *Conjuring the Universe*, Oxford University Press, 2018
Isaac Asimov, *El Universo*, Alianza Editorial, 1973

John Barrow, *Las constantes de la naturaleza*, Booket, 2013
Ananyo Bhattacharya, *El hombre del futuro: La vida visionaria de John von Neumann*, Anaya, 2022
David Bodanis, $E=mc^2$, Walker Publishing Company, 2000
Michel-Yves Bolloré y Olivier Bonnassies, *Dios. La ciencia. Las pruebas*, Editorial Funambulista, 2023

Freeman Dyson, *El infinito en todas direcciones*, Tusquets Editores,1991

Graham Farmelo, *The Strangest Man: The Hidden Life of Paul Dirac*, Faber & Faber, 2009

RICHARD P. FEYNMAN, *¿Está usted de broma, Sr. Feynman?*, Alianza editorial, 2016
RICHARD P. FEYNMAN, *Seis piezas fáciles*, Drakontos, 2017

GEORGE GAMOW, *Thirty Years that Shook Physics*, Dover, 1966-2013
MURRAY GELL-MANN, *El quark y el jaguar*, Tusquets Editores, 1995

STEPHEN HAWKING, *La historia del tiempo*, Alianza Editorial, 2011
STEPHEN HAWKING, *Breves respuestas a grandes preguntas*, Crítica, 2018
WERNER HEISENBERG, *La parte y el todo*, Ellago, 2004
BANESH HOFFMANN, *Einstein*, Salvat Editores, 1987
DOUGLAS HOFSTADTER, *Gödel, Escher, Bach*, Booket, 2015
JOHN HORGAN, *El fin de la ciencia*, Paidós, 1998

MAX JAMMER, *The Philosophy of Quantum Mechanics*, John Wiley, 1974

ÉTIENNE KLEIN, *La Physique selon Étienne Klein*, Flammarion, 2021

WALTER MOORE, *Erwin Schrödinger: una vida*, Cambridge University Press, 1996

ABRAHAM PAIS, *El Señor es sutil*, Ariel, 1984
ABRAHAM PAIS, *Inward Bound*, Oxford University Press, 1986
ROGER PENROSE, *La nueva mente del emperador*, Debolsillo, 2006
ROGER PENROSE, *Las sombras de la mente*, Crítica, 2012

Karl Popper, *All Life is Problem Solving*, Routledge, 2001

Ilya Prigogine, *¿Tan solo una ilusión?*, Tusquets editores, 1983

Martin Rees, *Seis números nada más*, Debate, 2001

John Rigden, *Hydrogen*, Harvard University Press, 2002

Carlo Rovelli, *El orden del tiempo*, Anagrama, 2020

Carlo Rovelli, *Helgoland*, Anagrama, 2022

Carl Sagan, *Cosmos*, Planeta, 2004

Steven Weinberg, *Explicar el mundo*, Taurus, 2015

Steven Weinberg, *Los tres primeros minutos del Universo*, Alianza editorial, 2016

Steven Weinberg, *El sueño de una teoría final*, Booket, 2020

Frank Wilczek, *Fantastic Realities*, World Scientific, 2006

Frank Wilczek, *Las diez claves de la realidad*, Drakontos, 2022

Autores españoles de cuyos textos he disfrutado

Con Jesús, Eduardo, Francisco (Paco) y Jorge, los cuatro ya fallecidos, pasé magníficos momentos. Los echo en falta.

Adolfo Azcárraga, varios artículos en la *Revista Española de Física*, Madrid

Sonia Fernández-Vidal, varios libros de divulgación para adolescentes, como la trilogía *La puerta de los tres cerrojos*, Destino infantil y juvenil, Barcelona, 2018

Marta García-Matos y Lluís Torner, *The wonders of light*, Cambridge University Press, 2015

José Ignacio Latorre, *Cuántica*, Ariel, Barcelona, 2017

Jesús Mosterín, *Ciencia viva*, Espasa Fórum, Madrid, 2001

Eduardo Punset, *Cara a cara con la vida, la mente y el Universo*, Destino, Barcelona, 2004

José Manuel Sánchez-Ron, *Historia de la física cuántica*, vol. I, Planeta, Barcelona, 2025

Jorge Wagensberg, varios libros editados por él en Metatemas, Tusquets editores, Barcelona

Francisco Ynduráin, *Electrones, Neutrinos y Quarks*, Drakontos, 2001

La Real Sociedad Española de Física publica una colección de libros *Física y Ciencia para todos*

Divulgadores extranjeros en YouTube

Sean Carroll (en inglés)
Brian Cox (en inglés)
Brian Greene (en inglés)
Sabine Hossenfelder (en inglés)
Étienne Klein (en francés)
Harald Lesch (en alemán)

CRÉDITOS FOTOGRÁFICOS

Marie Skłodowska-Curie en 1900 (pág. 23)

Tumba de Ludwig Boltzmann en el cementerio central de Viena, donde aparece grabada la fórmula de la entropía. Por Daderot de Wikipedia en inglés - Trabajo propio, CC BY-SA 3.0, https://commons.wikimedia.org/w/index.php?curid=507663 (pág. 28)

Primera radiografía de Wilhelm Röntgen de la mano de su esposa (pág. 31)

David Hilbert en 1912 (pág. 39, a la izquierda)

Max Planck en 1938. Foto de Hugo Erfurth (pág. 39, a la derecha)

Curvas de radiancia espectral del cuerpo negro para diversas temperaturas según Planck, y comparación con la teoría clásica de Rayleigh-Jeans. Darth Kule (pág. 47)

Tumba de Max Planck en el cementerio de Gotinga. Por Long-bow4u - Fotografía propia, CC BY-SA 3.0, https://commons.wikimedia.org/w/index.php?curid=599058 (pág. 50)

Carta de Albert Einstein a Franklin D. Roosevelt. Franklin D. Roosevelt Presidential Library & Museum (pág. 53)

Kurt Gödel y Albert Einstein fotografiados paseando hacia el Instituto de Estudios Avanzados en Princeton, en 1954. @ Leonard McCombe (pág. 54)

Albert Einstein en 1904. Foto de Lucien Chavan (1868-1942), amigo de Einstein cuando este vivía en Berna. Recorte del original conservado en los Archivos Albert Einstein, Universidad Hebrea de Jerusalén (pág. 55)

Casa de Albert Einstein en Berna. @ Diana Labrador, 2017 (pág. 58)

Albert y Elsa Einstein llegando a Nueva York, 1921. Library of Congress's Prints and Photographs division (pág. 70)

Ernest Rutherford. George Grantham Bain Collection, Library of Congress, (pág. 73, a la izquierda)

Niels Bohr en 1922. Nobel Foundation (pág. 73, a la derecha)

Modelo atómico de Bohr. De JabberWok, CC BY-SA 3.0, https://commons.wikimedia.org/w/index.php?curid=2639910 (pág. 79)

Las cuatro líneas visibles del espectro de emisión de hidrógeno en la serie de Balmer. Merikanto, Adrignola, CC0 https://commons.wikimedia.org/w/index.php?curid=16417920 (pág. 81)

Espectro de emisión simulado del helio neutro basado en datos de la Base de Datos de Espectros Atómicos del Instituto Nacional de Estándares y Tecnología (NIST ASD). Por Kramida, A., Ralchenko, Yu., Reader, J., y NIST ASD Team (2024) (pág. 82)

Primera tabla periódica de Mendeléiev en ruso, de 1869 (pág. 83)

Albert Einstein en 1921. Nobel Foundation (pág. 91)

Un anillo de Einstein en forma de herradura desde el Hubble. NASA (pág. 98)

Imagen del LIGO Hanford Observatory. Por Umptanum - Fotografía propia, CC BY-SA 3.0, https://commons.wikimedia.org/w/index.php?curid=2591541 (pág. 102)

Louis-Victor de Broglie en 1929 (pág. 107, a la izquierda)

Wolfgang Pauli en 1945. Nobel Foundation (pág. 107, a la derecha)

Patrón de difracción típico obtenido en un microscopio electrónico por transmisión con un haz de electrones paralelo. Por Oysteinp de la Wikipedia en inglés, CC BY-SA 3.0, https://commons.wikimedia.org/w/index.php?curid=3193481 (pág. 113)

Enrico Fermi en 1943 (pág. 117)

Werner Karl Heisenberg, c. 1927 (pág. 125, a la izquierda)

Erwin Schrödinger en 1933. Nobel Foundation (pág. 125, a la derecha)

Conjunto completo de eigenfunciones hasta n = 4. Los orbitales sólidos encierran el volumen por encima de un cierto umbral de densidad de probabilidad. Los colores representan la fase compleja. Geek3, CC BY-SA 4.0 <https://creativecommons.org/licenses/by-sa/4.0>, via Wikimedia Commons (pág. 131)

Tumba de Schrödinger en Alpbach (Tirol). Por Hans Weber - Trabajo propio, CC BY-SA 3.0, https://commons.wikimedia.org/w/index.php?curid=5683495 (pág. 134)

Quinto congreso de Solvay (1927), considerada la fotografía más importante y famosa de la historia de la física. Foto de Benjamin Couprie (pág. 136)

Niels Bohr con Albert Einstein en casa de Paul Ehrenfest en Leiden (diciembre de 1925). Foto de Paul Ehrenfest (pág. 137)

John Bell en el CERN, en 1982. CERN PhotoLab, CC-BY-4.0 (pág. 144)

Paul Dirac en 1933. Cambridge University, Cavendish Laboratory (pág. 147, a la izquierda)

Richard Feynman en 1943 en Los Álamos (detalle). Los Alamos National Laboratory (pág. 147, a la derecha)

Máquina de PET (Positron Emission Tomography). Spacecoast-creative, CC0 (pág. 152)

Diagrama de Feynman ilustrando la interacción entre dos electrones producida mediante el intercambio de un fotón. Por Papa November. Trabajo propio sobre Feynmandiagramm.png, usando elementos SVG de Feynman second order radiative1.svg., CC BY-SA 4.0, https://commons.wikimedia.org/w/index.php?curid=3682032 (pág. 157)

Tsung-Dao Lee en 1957. Nobel Foundation (pág. 163, a la izquierda)

Chen Ning Yang en 1957. Nobel Foundation (pág. 163, a la derecha)

Una sección interior del LHC que muestra la sucesión de imanes superconductores que alojan en su interior los tubos por donde discurren los haces de protones. Por Maximilien Brice (CERN) - CERN Document Server, CC BY-SA 3.0, https://commons.wikimedia.org/w/index.php?curid=29068933 (pág. 170)

Murray Gell-Mann en 1965 (pág. 179, a la izquierda)

Steven Weinberg en 2010 (en escala de grises). Por Larry D. Moore, CC BY 4.0, https://commons.wikimedia.org/w/index.php?curid=11861018 (pág. 179, a la derecha)

Tabla de partículas elementales del modelo estándar. Cush: trabajo propio utilizando: PBS NOVA, Fermilab, Office of Science, United States Department of Energy, Particle Data Group (pág. 195)

Georges Lemaître a principios de los años 30 (pág. 199, a la izquierda)

Edwin Powell Hubble en 1931. Foto de Johan Hagemeyer (pág. 199, a la derecha)

Línea del tiempo de la expansión del Universo. NASA, Ryan Kaldari, versión en español de Luis Fernández García, CC0 (pág. 202)

Temperatura del espectro de radiación del fondo cósmico de microondas (CMB) determinada con el satélite COBE durante los dos primeros años de observación del radiómetro diferencial de microondas (DMR). El plano de la Vía Láctea se encuentra en posición horizontal en el centro de la imagen. NASA (pág. 207)

Stephen Hawking en los años setenta. NASA (pág. 215, a la izquierda)

Saul Perlmutter en 2024 en el Berkeley Lab (en escala de grises). Por Christopher Michel - Trabajo propio, CC BY-SA 4.0, https://commons.wikimedia.org/w/index.php?curid=151707839 (pág. 215, a la derecha)

Simulación gráfica de un agujero negro ubicado frente a la Gran Nube de Magallanes. Por Alain r - Trabajo propio, CC BY-SA 2.5, https://commons.wikimedia.org/w/index.php?curid=1150148 (pág. 219)

Telescopio espacial James Webb. NASA (pág. 223)

Claude Elwood Shannon, c. 1950. Tekniska Museet, https://commons.wikimedia.org/w/index.php?curid=158532837 CC BY 2.0 (pág. 229, a la izquierda)

Richard Feynman en 1984 en Waltham, Massachusetts (detalle). Por @Tamiko Thiel, 1984 - Comunicación del fotógrafo, CC BY-SA 3.0, https://commons.wikimedia.org/w/index.php?curid=44950603 (pág. 229, a la derecha)

MareNostrum 4 (vista frontal), en Barcelona. Por Gemmaribasmaspoch - Trabajo propio, CC BY-SA 4.0, https://commons.wikimedia.org/w/index.php?curid=61310497 (pág. 235)

Un microchip, 07R01 IF Amplifier/Demodulator Integrated Circuit Motorola GM350 transceiver. Por Mister rf - Trabajo propio, CC BY-SA 4.0, https://commons.wikimedia.org/w/index.php?curid=97847480 (pág. 240)

IBM Quantum System One en Ehningen, Alemania. Por IBM Research - https://www.flickr.com/photos/ibm_research_zurich/51248690716/, CC BY 2.0, https://commons.wikimedia.org/w/index.php?curid=108205707 (pág. 250)

Edward Witten en 2008. Por Ojan - Trabajo propio, https://commons.wikimedia.org/w/index.php?curid=3962763 (pág. 267)

Agradecimientos

Mucho de lo que sé lo aprendí de Pere Pascual, de Pepe Bernabéu y de Eduardo de Rafael. Mis doctorandos y mis múltiples colaboradores también me ayudaron a pulir conceptos y a redondear y extender mis conocimientos de física. Sin ellos no hubiese sido el que era en el año 2000, cuando decidí cambiar la investigación por la gestión y dirección de instituciones de investigación y universitarias. ¡Gracias a todos ellos!

Este texto se ha beneficiado de los comentarios, de las correcciones y de las matizaciones de varios colegas. Uno ha contribuido a mejorarlo sustancialmente, pero prefiere permanecer anónimo. Otro, Ernest Companys, me ha ayudado de forma original. Un tercero, Lluís Torner, ha mejorado el texto con sus muy pertinentes comentarios. A Domènec Espriu y Víctor Canivell también les agradezco sus consideraciones. A los cinco, y a los demás no mencionados, ¡muchas gracias!

Las palabras muy elogiosas, sobre las que se puede dudar si son merecidas, del prólogo de Ignacio Cirac me han llenado de alegría. ¡Mil gracias, Ignacio!

La colaboración con el editor y amigo Max Lacruz ha sido un gran placer, al menos para mí, ya que él ha tenido que lidiar con perversiones lingüísticas debidas, en parte, a influencias mal integradas de otras lenguas, y con razonamientos que rayan en lo abstruso. Si el texto se lee aceptablemente bien, es gracias a él. Gian Luca Luisi ha hecho un trabajo de maquetación ingente y admirable al transformar el caos del original en un bello libro, algo que el autor nunca podrá agradecerle suficientemente, porque nunca hay una segunda oportunidad para una primera impresión.

Si he podido hacer, desde que me doctoré hace 52 años, tantas cosas, y divertirme haciéndolas, es en gran parte gracias a mi mujer, Maribel. Lo tengo muy presente.

ROLF TARRACH
Schuttrange, Luxemburgo, otoño de 2025
Año Internacional de la Ciencia
y la Tecnología Cuánticas (UNESCO)

Índice

Un siglo de teorías entrelazadas *(prólogo de J. Ignacio Cirac)* 11

Introducción 17

1. Preludio de fin de siglo: Marie Sklodowska-Curie y la radiactividad (1898) . . 23

2. El año 1900: David Hilbert y sus 23 problemas,
   y Max Planck y su cuantización 39

3. 1905, *annus mirabilis* de Albert Einstein:
   la constancia de la velocidad de la luz y E = m c^2 55

4. Dos gigantes explorando los átomos: Rutherford y el núcleo,
   Bohr y la cuantización atómica (1913-1916) 73

5. La gravitación de Einstein (1916): de la relatividad general al GPS 91

6. La dualidad onda-partícula de De Broglie,
   y el principio de exclusión de Pauli (1924-1925) 107

7. Los principios de incertidumbre de Heisenberg
   y la ecuación de Schrödinger (1925-1926) 125

8. De la antimateria de Dirac
   a la electrodinámica cuántica de Feynman (1928-1948) 147

9. La posguerra, años de difícil progreso y de complejidad creciente.
   La rotura de las simetrías discretas: Lee y Yang (1956). 163

10. Los quarks de Gell-Mann, la cromodinámica
    y la unificación electrodébil de Weinberg (1960 a 1980). 179

11. De la expansión de Lemaître (1927)
    y de Hubble a la radiación cósmica (1965),
    pasando por la alquimia estelar: todos somos polvo de estrellas 199

12. De Hawking (1974), y sus agujeros negros que no lo son,
    al Universo desbocado de Perlmutter (1998). 215

13. De Shannon (1948), pasando por los ordenadores digitales,
    a Feynman (1982): la última revolución cuántica 229

14. Información, criptografía, teleportación, decoherencia
    y computación cuántica: un futuro tecnológico interesantemente incierto . . 245

15. Coda 263

Epílogo 273

Apéndices 279

Fórmulas 287

Glosario 291

Selección de científicos destacados 301

Premios Nobel de Física mencionados 305

Bibliografía personal 309

Autores españoles de cuyos textos he disfrutado 313

Divulgadores extranjeros en YouTube 315

Créditos fotográficos 317

Agradecimientos 323